MICROELECTRONICS: CIRCUIT ANALYSIS AND DESIGN
FOURTH EDITION

电子电路分析与设计
（第四版）
数字电子技术

[美] 尼曼（Donald A. Neamen） 著

任艳频 亢楠 译

清华大学出版社
北京

北京市版权局著作权合同登记号 图字：01-2017-8422

Donald A. Neamen

Microelectronics: Circuit Analysis and Design, Fourth Edition

ISBN: 978-0-07-338064-3

Copyright © 2010 by McGraw-Hill Education.

All Rights reserved. No part of this publication may be reproduced or transmitted in any form or by any means, electronic or mechanical, including without limitation photocopying, recording, taping, or any database, information or retrieval system, without the prior written permission of the publisher.

This authorized Chinese translation edition is jointly published by McGraw-Hill Education and Tsinghua University Press Limited. This edition is authorized for sale in the People's Republic of China only, excluding Hong Kong, Macao SAR and Taiwan.

Copyright © 2020 by McGraw-Hill Education and Tsinghua University Press Limited.

版权所有。未经出版人事先书面许可，对本出版物的任何部分不得以任何方式或途径复制或传播，包括但不限于复印、录制、录音，或通过任何数据库、信息或可检索的系统。

本授权中文简体字翻译版由麦格劳-希尔（亚洲）教育出版公司和清华大学出版社有限公司合作出版。此版本仅限在中华人民共和国境内（不包括中国香港、澳门特别行政区和台湾地区）销售。

版权©2020由麦格劳-希尔（亚洲）教育出版公司与清华大学出版社有限公司所有。

本书封面贴有McGraw-Hill公司防伪标签，无标签者不得销售。

版权所有，侵权必究。举报：010-62782989，beiqinquan@tup.tsinghua.edu.cn。

图书在版编目(CIP)数据

电子电路分析与设计：第四版. 数字电子技术/(美)尼曼(Donald A. Neamen)著；任艳频，亢楠译. —北京：清华大学出版社，2021.2

新视野电子电气科技丛书

书名原文：Microelectronics: Circuit Analysis and Design (Fourth Edition)

ISBN 978-7-302-55480-6

Ⅰ. ①电… Ⅱ. ①尼… ②任… ③亢… Ⅲ. ①电子电路—电路分析 ②电子电路—电路设计 ③数字电路—电子技术 Ⅳ. ①TN702

中国版本图书馆 CIP 数据核字(2020)第 084968 号

责任编辑：王　芳
封面设计：傅瑞学
责任校对：梁　毅
责任印制：杨　艳

出版发行：清华大学出版社
网　　址：http://www.tup.com.cn, http://www.wqbook.com
地　　址：北京清华大学学研大厦A座　　　邮　编：100084
社 总 机：010-62770175　　　　　　　　　邮　购：010-83470235
投稿与读者服务：010-62776969, c-service@tup.tsinghua.edu.cn
质量反馈：010-62772015, zhiliang@tup.tsinghua.edu.cn
课件下载：http://www.tup.com.cn, 010-83470236

印 装 者：三河市中晟雅豪印务有限公司
经　　销：全国新华书店
开　　本：185mm×260mm　　印　张：11.75　　字　数：283千字
版　　次：2021年2月第1版　　　　　　　　印　次：2021年2月第1次印刷
印　　数：1~1500
定　　价：69.00元

产品编号：077490-01

ORIGINAL BOOK ORDER

理念与目标

《电子电路分析与设计》旨在用作电气与计算机工程专业本科生的电子学课程教材。本书旨在继续为模拟和数字电子电路的分析和设计提供基础教程。本书的撰写注重通俗易懂、简单易读。

目前,大多数电子电路设计都包含集成电路。集成电路将整个电路制作在单片半导体材料上,可以包含数百万个半导体器件和其他元件,能完成很复杂的功能。微处理器是集成电路的一个经典案例。本教材的最终目标是清晰地呈现构成这些复杂集成电路的基本电路的工作原理、电路特性以及限制条件。虽然大多数工程师会在专业设计应用中使用已有集成电路,但仍需知悉基本电路特性,以便理解集成电路的工作特性和限制条件。

本书首先对分立晶体管电路进行分析和设计;其次所研究电路的复杂度不断增加;最终读者应当能够分析和设计集成电路中的基本单元电路,比如线性放大电路和数字逻辑门电路。

本书是电子电路这个复杂课题的入门教材。因此,书中没有包含更先进的材料,也没有包含像砷化镓这种在一些特殊应用中使用的技术。本书未涉及集成电路布局布线和制造技术,因为这些内容可以单独构成一本完整的教材。

设计的重要性

设计是工程的核心。好的设计源于丰富的分析经验。本教材对电路进行分析时,会阐述其不同特性,以便建立一种可以在设计过程中应用的直觉。

本教材中包含很多设计例题、设计练习题和每章后面的设计习题。这些例题和习题中有一组设计规格,从这些设计规格出发,可得到唯一的解。虽然真正意义上的工程设计解决方案并不唯一,但是作者相信这些初步设计例题和习题是学习设计过程的第一步。每章后面的习题有单独的一部分为"设计习题",其中包含一些开放设计习题。

计算机辅助分析和设计

计算机分析和计算机辅助设计(CAD)是电子学的重要环节。SPICE(侧重于集成电路仿真程序)是当前最为流行的电子电路仿真程序之一,由加州大学开发。书中使用的PSpice是SPICE针对个人计算机定制的版本。

本教材强调人工分析和设计,以便专注于基本的电路概念。不过,在书中的某些地方包含了PSpice分析结果,并和人工分析结果进行对比。当然,根据授课教师的自由安排,计算机仿真可以在书中的任何部分引入。在每章后面的习题中,有一个独立的部分即计算机仿真习题。

某些章节大量地应用计算机分析。但即使在这些情况下,也只是在充分了解电路的基本特性以后才考虑使用计算机分析方法。计算机是可以给电子电路分析和设计提供辅助的工具,但它并不能彻底理解电路分析的基本概念。

先修要求

本书的适用对象为电气与计算机工程的大学二年级学生。为了理解书中内容,先修要求包括电子电路的直流分析和正弦稳态分析以及 RC 电路的瞬态分析。不同的网络概念,例如戴维南定理和诺顿定理,在书中广泛使用。对拉普拉斯变换方法有所了解会很有用。并不要求具备半导体器件物理的先验知识。

本书的结构

《电子电路分析与设计》分为 3 部分。《电子电路分析与设计——半导体器件及其基本应用》为第 1 部分,共有 8 章,包括半导体材料、二极管的基本原理和二极管电路、晶体管的基本原理和晶体管电路等内容。《电子电路分析与设计——模拟电路设计》为第 2 部分,介绍更高级的模拟电路,比如运算放大器电路、集成电路中使用的偏置技术以及其他模拟电路应用。本书为第 3 部分,介绍数字电子电路,包括 CMOS 集成电路。

内容

本书涉及基本的数字电路。第 1 章讨论 MOS 数字电路的分析和设计。这一章的重点是 CMOS 电路,它是构成目前大多数数字电路的基础。首先介绍基本数字逻辑门电路,其次介绍移位寄存器、触发器,最后介绍基本的模/数(A/D)和数/模(D/A)转换器。第 2 章介绍双极型数字电路,包括发射极耦合逻辑(ECL)电路和传统的晶体管-晶体管逻辑(TTL)电路。

本书的最后有 4 个附录。附录 A 包含物理常数和转换因子。附录 B 包含几个器件和电路的制造商数据手册。附录 C 给出标准电阻和电容数值。附录 D 列出参考文献和其他阅读资源。

教学次序

《电子电路分析与设计》撰写时考虑具备一定的灵活度,授课教师可以设计自己的教学次序。

1. 运算放大器电路

为了那些希望把理想运算放大器电路作为电子学的第一个授课主题的教师,对《电子电路分析与设计——模拟电路设计》做了修改,其中的 1.1~1.5.5 可以作为第 1 章来进行学习。

教 学 章 节
理想运算放大器电路:
1.《电子电路分析与设计——模拟电路设计》第 1 章的 1.1~1.5.5 部分
2.《电子电路分析与设计——半导体器件及其基本应用》第 1、2 章等

2. MOSFET 和双极型

《电子电路分析与设计——半导体器件及其基本应用》介绍 MOSFET 的第 3 章、第 4 章和介绍双极型晶体管的第 5 章、第 6 章是相互独立的两部分内容。因此,授课教师既可以和本教材一样,先讲授 MOSFET,后讲授双极型晶体管;也可以采用更传统的方式,即先讲授双极型晶体管,后讲授 MOSFET。

教 学 章 节			
《电子电路分析与设计——半导体器件及其基本应用》		传 统 方 式	
章 节	内 容	章 节	内 容
1	PN 结	1	PN 结
2	二极管电路	2	二极管电路
3	MOS 晶体管	5	双极型晶体管
4	MOSFET 电路	6	双极型电路
5	双极型晶体管	3	MOS 晶体管
6	双极型电路	4	MOSFET 电路

3. 数字和模拟

为了那些希望先讲授数字电子学后讲授模拟电子学的教师,《电子电路分析与设计——模拟电路设计》和本书在撰写时彼此独立。因此,教师可以在讲授《电子电路分析与设计——半导体器件及其基本应用》第 1~3 章后,直接跳到本书第 1 章。

教 学 章 节	
章 节	内 容
《电子电路分析与设计——半导体器件及其基本应用》第 1 章	PN 结
《电子电路分析与设计——半导体器件及其基本应用》第 2 章	二极管电路
《电子电路分析与设计——半导体器件及其基本应用》第 3 章	MOS 晶体管
本书第 1 章	MOSFET 数字电路
《电子电路分析与设计——半导体器件及其基本应用》第 5 章	双极型晶体管
本书第 3 章	双极型数字电路
其他	模拟电路

《电子电路分析与设计》原版第 4 版最新修订内容:
(1) 新增 250 多道练习题和理解测试题;
(2) 新增 580 多道每章后的习题;
(3) 在每章后的习题部分新增 50 多道开放设计题;
(4) 在每章后的习题部分新增 60 多道计算机仿真题;
(5) 更新电路中的电压值,使之与现代电子学更相符;
(6) 更新 MOSFET 器件参数,使之与现代电子学更相符;
(7) 加强了数学严密性,以便更清晰地理解基本的电路原理和特性。

教材中继续保持的特色:
(1) 每章开始都有一个简短的内容介绍,对前一章内容和新一章内容起承上启下的作用。每章的目标,即读者应该从本章收获什么,在每章前面的预览部分以列表形式给出,一目了然。
(2) 每一节都在开始部分重申本章内容的目标。
(3) 本书通篇包含大量实用例题,以加强对书中理论和概念的理解。这些例题包含分析或设计的所有细节,读者不必担心会遗漏什么步骤。

(4) 每个例题后面都有一道练习题。练习题和例题非常相似,这样读者可以立刻检查自己对刚刚学过内容的理解程度。每道练习题都给出答案,因而读者不用到书末去寻找答案。这些练习题可以帮助读者在进入下一部分内容之前加深对前面内容的理解和掌握。

(5) 在每节的末尾大多有理解测试题。通常,这些测试题比例题后面的练习题综合性更强。这些测试题同样可以帮助读者在进入下一部分内容之前加深对前面内容的理解和掌握。理解测试题也给出答案。

(6) 解题技巧贯穿在每章内容当中,以帮助读者分析电路。尽管求解方法可能不唯一,这些解题技巧可以帮助读者迈出电路分析的第一步。

(7) 每章的最后一节为设计应用,这部分提供一个和本章内容相关的具体电子设计。通过本书的学习,学生将学会构建一个电子温度计电路。虽然不是每个设计应用都和电子温度计相关,每个应用都向学生展示如何进行实际设计。

(8) 每章最后是本章内容小结,这部分总结本章获得的全部结果,并回顾所建立的基本概念。小结部分也用列表形式给出,一目了然。

(9) 小结后面是检查点,列出通过本章学习应当已经达到的目标,以及读者通过学习应当掌握的能力。它可以帮助读者在学习下一章之前评估自己的进展。

(10) 每章末尾列出复习题。这些复习题作为自我测试,帮助读者确定自己对本章所讲述基本概念的掌握程度。

(11) 每章后面给出大量习题,分节编排。在第 4 版中加入了很多新习题。除了难度不同的习题,还加入设计导向习题。此外,还单独给出计算机仿真题和开放设计题。

(12) 附录 B 给出几个器件和电路制造商数据手册。这些数据手册可以使读者将书中学习的基本概念和电路特性与实际电路特性和限制条件联系起来。

补充材料

Microelectronics 网站给教师和学生提供各种工具。教师可以从 McGraw-Hill 的 COSMOS 电子解决方案手册中受益。COSMOS 可以帮助教师们生成不计其数的习题材料,布置给学生,同时也可以把他们自己的习题转换和整合到软件中。针对学生,提供了电气工程师简介,通过对工作在 Fairchild 半导体和 Apple 等不同企业的工程师的访谈,给学生提供电气工程现实世界的直观认知。此外,网站提供 PowerPoint 幻灯片、图片库和完整的教师指导手册(带密码保护)、数据手册、实验手册和其他网站链接。

电子教材购买

CourseSmart 为教师和学生提供本教材。CourseSmart 是一个在线资源,学生可以购买在线电子教材,它的价格差不多是传统教材的一半。购买电子教材的好处是可以利用 CourseSmart 的网站工具进行学习,这些工具包括全文搜索、记笔记、标重点和通过电子邮件在同学之间分享笔记。想了解更多关于 CourseSmart 的内容,可以和销售代表联系。

CONTENTS

第1章　数字电子学导论 …………………………………………………………… 1

  1.1　预览 ……………………………………………………………………………… 1

  1.2　逻辑函数和逻辑门 ……………………………………………………………… 1

  1.3　逻辑电平 ………………………………………………………………………… 2

  1.4　噪声容限 ………………………………………………………………………… 3

  1.5　传输延迟时间和开关时间 ……………………………………………………… 4

  1.6　小结 ……………………………………………………………………………… 4

第2章　MOSFET 数字电路 ………………………………………………………… 5

  2.1　NMOS 反相器 …………………………………………………………………… 6

    2.1.1　N 沟道 MOSFET 回顾 ………………………………………………… 6

    2.1.2　NMOS 反相器的传输特性 ……………………………………………… 8

    2.1.3　衬底的基体效应 ………………………………………………………… 16

  2.2　NMOS 逻辑电路 ………………………………………………………………… 18

    2.2.1　NMOS 或非门和与非门 ………………………………………………… 18

    2.2.2　NMOS 逻辑电路 ………………………………………………………… 21

    2.2.3　扇出系数 ………………………………………………………………… 22

  2.3　CMOS 反相器 …………………………………………………………………… 23

    2.3.1　P 沟道 MOSFET 回顾 ………………………………………………… 23

    2.3.2　CMOS 反相器的直流分析 ……………………………………………… 24

    2.3.3　功耗 ……………………………………………………………………… 30

    2.3.4　噪声容限 ………………………………………………………………… 31

  2.4　CMOS 逻辑电路 ………………………………………………………………… 35

    2.4.1　基本 CMOS 或非门和与非门 ………………………………………… 35

    2.4.2　晶体管尺寸 ……………………………………………………………… 37

    2.4.3　复杂 CMOS 逻辑电路 ………………………………………………… 39

    2.4.4　扇出系数和传输延迟时间 ……………………………………………… 41

  2.5　带时钟的 CMOS 逻辑电路 …………………………………………………… 42

  2.6　传输门 …………………………………………………………………………… 45

2.6.1　NMOS 传输门 ··· 45
　　2.6.2　NMOS 传输网络 ··· 49
　　2.6.3　CMOS 传输门 ··· 51
　　2.6.4　CMOS 传输网络 ··· 53
2.7　时序逻辑电路 ·· 53
　　2.7.1　动态移位寄存器 ·· 53
　　2.7.2　R-S 触发器 ·· 55
　　2.7.3　D 触发器 ··· 57
　　2.7.4　CMOS 全加器电路 ··· 58
2.8　存储器的分类与电路结构 ·· 59
　　2.8.1　存储器的分类 ·· 60
　　2.8.2　存储器结构 ·· 60
　　2.8.3　地址译码器 ·· 61
2.9　RAM 存储器单元 ··· 63
　　2.9.1　NMOS SRAM 单元 ··· 63
　　2.9.2　CMOS SRAM 单元 ··· 65
　　2.9.3　SRAM 读/写电路 ·· 68
　　2.9.4　动态 RAM(DRAM)存储单元 ·· 69
2.10　只读存储器 ·· 71
　　2.10.1　ROM 和 PROM 单元 ·· 71
　　2.10.2　EPROM 和 EEPROM 单元 ··· 73
2.11　数据转换器 ·· 75
　　2.11.1　A/D 和 D/A 的基本概念 ·· 75
　　2.11.2　数-模转换器 ·· 76
　　2.11.3　模-数转换器 ·· 78
2.12　设计应用：一个静态 CMOS 逻辑门 ··· 82
2.13　本章小结 ··· 83
习题 ·· 85

第 3 章　双极型数字电路 ··· 103

3.1　发射极耦合逻辑(ECL) ·· 103
　　3.1.1　差分放大电路回顾 ·· 103
　　3.1.2　ECL 逻辑门 ·· 105
　　3.1.3　ECL 逻辑电路的特性 ·· 109
　　3.1.4　电压传输特性 ··· 112
3.2　改进型 ECL 电路 ··· 113
　　3.2.1　低功耗 ECL 电路 ·· 113
　　3.2.2　其他 ECL 门电路 ·· 115
　　3.2.3　串联门 ··· 118

3.2.4 传输延迟时间 ……………………………………………………… 121
3.3 晶体管-晶体管逻辑电路 …………………………………………………… 122
　　　3.3.1 基本二极管-三极管逻辑门 …………………………………………… 123
　　　3.3.2 TTL 的输入晶体管 ……………………………………………………… 125
　　　3.3.3 基本 TTL 与非电路 ……………………………………………………… 127
　　　3.3.4 TTL 输出级和扇出系数 ………………………………………………… 129
　　　3.3.5 三态输出 ……………………………………………………………… 132
3.4 肖特基晶体管-晶体管逻辑电路 …………………………………………… 134
　　　3.4.1 肖特基钳位晶体管 ……………………………………………………… 134
　　　3.4.2 肖特基 TTL 与非电路 …………………………………………………… 136
　　　3.4.3 低功耗肖特基 TTL 电路 ………………………………………………… 137
　　　3.4.4 改进型肖特基 TTL 电路 ………………………………………………… 138
3.5 BiCMOS 数字电路 …………………………………………………………… 140
　　　3.5.1 BiCMOS 反相器 ………………………………………………………… 140
　　　3.5.2 BiCMOS 逻辑电路 ……………………………………………………… 141
3.6 设计应用：静态 ECL 门电路 ……………………………………………… 142
3.7 本章小结 …………………………………………………………………… 143
习题 ………………………………………………………………………………… 144

附录 A 物理常数与转换因子 ……………………………………………………… 158

附录 B 制造商数据手册节选 ……………………………………………………… 159

附录 C 标准电阻和电容值 ………………………………………………………… 169

C.1 碳膜电阻 …………………………………………………………………… 169
C.2 精密电阻（容差为 1%） …………………………………………………… 170
C.3 电容 ………………………………………………………………………… 171

附录 D 参考文献 ……………………………………………………………………… 172

第1章

数字电子学导论

1.1 预览

在一个数字系统中,信息只用离散或量化的形式表示。通常,只使用两种离散状态,分别记为逻辑 0 和逻辑 1。适用于二进制系统的代数由乔治·布尔(George Boole,1815—1864)发明,称为布尔代数。本教材不直接使用布尔代数,然而对布尔代数有所了解将有助于数字集成电路的分析和设计。本章将直接讲述基本的布尔运算和与之相关的逻辑门。

1.2 逻辑函数和逻辑门

三种基本的逻辑或布尔运算为"非""与""或"。这些运算可以用真值表描述。

"非"函数的真值表和逻辑门符号如图 1.1(a)所示。输出变量上方的横线表示"非"函数,或者反函数。由于一个变量只允许有两种状态,如果 $A=0$,则 $\overline{A}=1$。逻辑门输出端的小圆圈表示逻辑反。如图所示,这个逻辑门也称为反相器。

图 1.1(b)给出"与"函数的真值表、逻辑门符号及逻辑式。只有当两个输入都为逻辑 1 时,才产生逻辑 1 输出;否则,输出为逻辑 0。

"或"运算的真值表、逻辑门符号和逻辑式如图 1.1(c)所示。此时,如果 $A=1$ 或者 $B=1$,或者两个输入都为逻辑 1,就产生逻辑 1 输出。

另外两种经常使用的逻辑函数为"与非"和"或非"。"与非"是"与"运算的反,"或非"是"或"运算的反。这些函数的真值表和逻辑门符号如图 1.2 所示。同样,每个逻辑门输出端的小圆圈表示逻辑反。

最后,还有两种在数字设计中很有用的逻辑函数,分别是"异或"和"同或"。虽然这些逻辑函数可以由基本函数组合得到,但它们也有自己的逻辑门符号。这些运算的真值表、逻辑门符号和逻辑式如图 1.3 所示。在"异或"运算中,当 $A=1$ 或者 $B=1$,但并非两者都为逻辑 1 时,输出为逻辑 1。"同或"是"异或"函数的反。

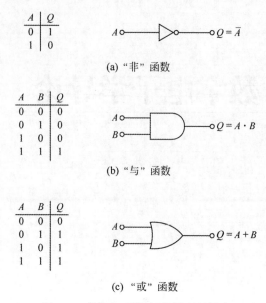

图 1.1　真值表、逻辑门符号和逻辑式

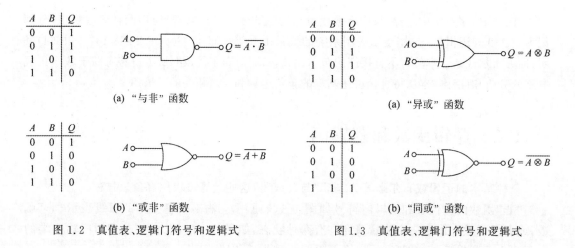

图 1.2　真值表、逻辑门符号和逻辑式　　　　图 1.3　真值表、逻辑门符号和逻辑式

接下来,介绍具有两个输入变量的基本逻辑函数和逻辑门,虽然多于两个变量也是可能的。实际上由于晶体管尺寸和输入电容效应,输入变量的个数一般限制为最多 4 个。

1.3　逻辑电平

数字电路中的逻辑 0 和逻辑 1 状态用两个不同的电压值表示。本教材使用正逻辑,也即用更正的电压表示逻辑 1 状态,用更负的电压表示逻辑 0 状态。实际的电压可正可负。图 1.4 给出表示正逻辑的 3 种可能的输出电压组合。虽然也存在如图 1.4(c)所示的例子,图 1.4(a)所示的情况最为常见。在某些情况下,图 1.4(a)所示的逻辑 0 电平可能实际上为 0V。

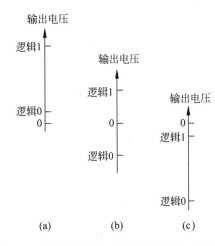

图 1.4 表示正逻辑的三种可能的输出电压组合

1.4 噪声容限

在一个理想的数字系统中,逻辑 1 用明确定义的电压 V_{OH} 表示,逻辑 0 用明确定义的电压 V_{OL} 表示。而在实际数字系统中,由于各种各样的因素,包括温度变化、电路制作误差、负载效应和噪声等,表示这两种逻辑状态的电压值可能会变化。

在数字电路输入端,用一个电压范围表示两个二值状态中的每一个,如图 1.5 所示。为了不产生逻辑误差,必须对数字系统中传输的电平值进行重建。电压 V_{IH} 是可以被识别为逻辑 1 的最低输入电压,而 V_{IL} 是可以被识别为逻辑 0 的最高输入电压。这些输入电压产生的输出电压范围如图 1.5 所示。在一个反相器电路中,输入 V_{IL} 产生输出 V_{OHU},输入 V_{IH} 产生输出 V_{OLU}。于是,噪声容限的定义如图 1.5 所示。接下来,将在具体电路的分析中更详细地讨论噪声容限。

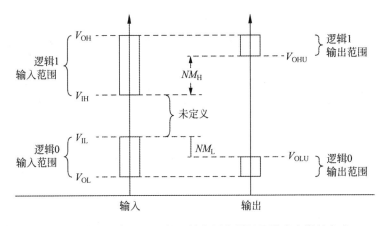

图 1.5 表示逻辑 1 和逻辑 0 的电压范围以及噪声容限的定义

1.5 传输延迟时间和开关时间

逻辑门的开关特性一般用其传输延迟时间描述。数字电路延迟时间的标准定义如图 1.6 所示。从输入到输出的传输延迟时间定义为输入和输出脉冲波形 50% 的点之间的时间差,记为 τ_{PHL} 和 τ_{PLH}。

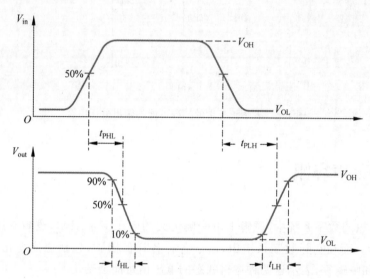

图 1.6 数字延迟时间和传输延迟时间的标准定义

此外,逻辑门输出由"高"到"低"和由"低"到"高"的转换时间,定义为输出波形 10% 和 90% 的点之间的时间差,记为 τ_{HL} 和 τ_{LH}。

1.6 小结

本书的具体数字逻辑电路将使用这些概念,计算机逻辑设计课程的读者应该已经熟悉所有这些概念。

第2章

MOSFET数字电路

本章介绍数字系统设计中常用的 MOSFET 数字集成电路的基本概念。由于 CMOS 电路体积小、功耗低,使得逻辑和存储电路的集成度可以更高。JEFT 逻辑电路是非常专用的电路,在此不作介绍。

NMOS 逻辑电路的讨论将作为数字系统分析和设计的导论。尽管这项技术年代久远,由于只涉及晶体管的一种类型(N 沟道),与同一电路中设计两种类型的晶体管相比,它的分析更为直截了当。这部分讨论也将作为 CMOS 技术优越性的基础。

本章首先分析基本的数字逻辑电路,例如或非门和与非门;其次讨论其他逻辑电路,例如触发器、移位寄存器和加法器;最后讨论存储器、A/D 和 D/A 转换器。

预览

在本章,将:

- 分析和设计 NMOS 反相器。
- 分析和设计 NMOS 逻辑门电路。
- 分析和设计 CMOS 反相器。
- 分析和设计静态 CMOS 逻辑门电路。
- 分析和设计时钟控制的 CMOS 逻辑门电路。
- 分析并理解 NMOS 和 CMOS 门电路的传输特性。
- 分析并理解移位寄存器的特性和各种触发器的设计。
- 讨论半导体存储器。
- 分析和设计随机存储器(RAM)单元。
- 分析只读寄存器(ROM)。
- 讨论 A/D 和 D/A 转换器的基本概念。
- 作为一个应用,设计一个静态 CMOS 逻辑门电路,实现指定的逻辑函数。

2.1 NMOS 反相器

目标：分析和设计 NMOS 反相器

反相器是大多数 MOS 逻辑电路的基本电路。通过 NMOS 反相器的直流分析结果，可以了解 NMOS 逻辑电路中所使用的设计方法。之后，可以直接将反相器中建立的概念扩展到或非门和与非逻辑门。还与其他反相器负载器件在功耗、封装密度和传输特性等方面进行比较。

2.1.1 N 沟道 MOSFET 回顾

《电子电路分析与设计——半导体器件及其基本应用》第 3 章研究了 MOS 晶体管的结构、工作原理和特性。本节将快速回顾 N 沟道 MOSFET 的特性，重点是对数字电路的设计很重要的特性。

图 2.1(a) 所示为简化的 N 沟道 MOSFET，图 2.1(b) 给出 N 沟道 MOSFET 更为详细的剖面图。晶体管的有效区是半导体的表面区域，它包含两个高掺杂的 n⁺ 源极和漏极区域，以及 P 型沟道区。沟道长度为 L，宽度为 W。衬底是单晶硅片，它不但是电路制造的基础材料，也为集成电路提供物理支撑。

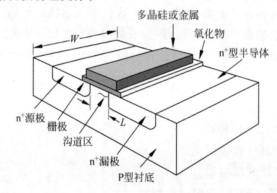

(a) N沟道MOSFET简化示意图

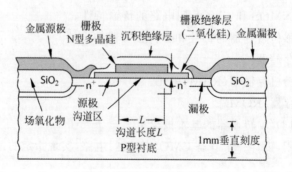

(b) N沟道MOSFET详细剖面图

图 2.1

在一个集成电路中,所有 N 沟道晶体管都在同一个 P 型衬底材料上制作。衬底连接到电路的最低电位,在数字电路中通常为地,即 0V。然而,很多 MOS 晶体管的源极电位并不为 0V,这意味着源极和衬底之间存在一个反向偏置 PN 结。当源极和衬底电位不相等时,晶体管的开启电压就为源极-衬底间电压的函数。在确定数字电路的逻辑电平时,必须考虑这个基体效应。

1. 伏安特性

N 沟道 MOSFET 的伏安特性是其电气和几何特性的函数。若晶体管偏置在非饱和区,当 $v_{GS} > V_{TN}$ 且 $v_{DS} \leqslant (v_{GS} - V_{TN})$ 时,可以写出

$$i_D = K_n [2(v_{GS} - V_{TN})v_{DS} - v_{DS}^2] \tag{2.1a}$$

在饱和区,当 $v_{GS} \geqslant V_{TN}$ 且 $v_{DS} \geqslant (v_{GS} - V_{TN})$ 时,有

$$i_D = K_n (v_{GS} - V_{TN})^2 \tag{2.1b}$$

转移点分割非饱和区和饱和区,它是漏-源间饱和电压,表示为

$$v_{DS} = v_{DS}(\text{sat}) = v_{GS} - V_{TN} \tag{2.2}$$

式(2.1b)中有时包含 $(1+\lambda v_{DS})$ 项,它考虑沟道长度调制和有限输出电阻。通常情况下,它对 MOS 数字电路的工作特性影响不大。除非特别声明,在分析中一般都假设 λ 为零。

参数 K_n 为 NMOS 晶体管的传导参数,由下式给出

$$K_n = \left(\frac{1}{2}\mu_n C_{ox}\right)\left(\frac{W}{L}\right) = \frac{k_n'}{2}\frac{W}{L} \tag{2.3}$$

在特定集成电路中,一般假设所有器件的电子迁移率 μ_n 和氧化层电容 C_{ox} 为常数。

伏安特性与沟道的宽长比即管子的几何尺寸直接相关。一般来说,在给定的 IC 中,沟道长度 L 固定,设计者可以控制沟道的宽度 W。

由于 MOS 晶体管是多子器件,MOS 数字电路的开关速度受极间电容和对地引线之间电容充放电时间的限制。图 2.2 给出 MOSFET 中的主要电容。电容 C_{sb} 和 C_{db} 分别为源极-衬底和漏极-衬底间的结电容。总栅极输入电容的一阶近似为常数

$$C_g = WLC_{ox} = WL\left(\frac{\varepsilon_{ox}}{t_{ox}}\right) \tag{2.4}$$

其中 C_{ox} 是单位面积的氧化物电容,它是氧化物厚度的函数。C_{ox} 也出现在传导参数的表达式中。

2. 小尺寸效应

式(2.1a)、(2.1b)和式(2.2)给出的伏安特性是适用于"长"沟道器件的一阶近似等式。器件设计的趋势是使其尽可能的小,也就是说沟道长度会比 $1\mu m$ 更短,沟道宽度也会相应地减小。随着沟道长度的减小,会从几个方面改变 MOS 晶体管的伏安特性。首先,开启电压成为器件几何尺寸的函数,与沟道长度相关,设计器件时必须考虑这一影响因素。第二,载流子速度饱和使得饱和模式的电流比式(2.1b)中所给出的要小,这个电流不再是栅-源间电压的二次函数,而是电压的线性关

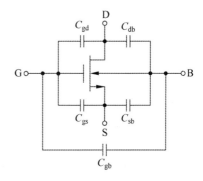

图 2.2 N 沟道 MOSFET 和器件的电容

系。沟道长度调制意味着电流比理想方程所给出的要大。第三,由于电子迁移率是栅极电压的函数,当栅-源间电压增加时,电流将比预计值小。所有这些效应都将使分析变得复杂。

不过,仍然可以用一次方程求解 MOSFET 逻辑电路的基本特性。将在逻辑电路的设计中使用这些一次方程。通过引入合适的器件模型,还可以借助计算机仿真确定小器件尺寸的影响。

2.1.2 NMOS 反相器的传输特性

由于反相器是大多数逻辑电路的基础,本节将介绍 NMOS 反相器,并建立三种带不同负载的反相器的直流传输特性。这些讨论将涉及电压传输函数,并定义逻辑电平的最大值和最小值。

1. 带电阻负载的 NMOS 反相器

图 2.3(a)所示为由单个 NMOS 晶体管和一个电阻组成的反相器。晶体管的特性和负载线如图 2.3(b)所示,同时给出分割饱和区和非饱和区的曲线。下面通过研究晶体管偏置在哪个区域,确定反相器的电压传输特性。

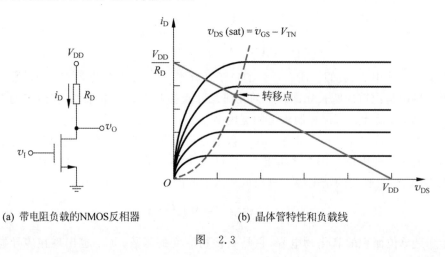

(a) 带电阻负载的NMOS反相器　　(b) 晶体管特性和负载线

图 2.3

当输入电压小于或等于开启电压,即 $v_I \leqslant V_{TN}$ 时,晶体管截止,$i_D=0$,输出电压 $v_O = V_{DD}$。这个最大输出电压定义为逻辑 1。当输入电压刚好大于 v_{TN} 时,晶体管导通,偏置在饱和区,输出电压为

$$v_O = V_{DD} - i_D R_D \tag{2.5}$$

其中漏极电流为

$$i_D = K_n(v_{GS} - V_{TN})^2 = K_n(v_I - V_{TN})^2 \tag{2.6}$$

联合求解式(2.5)和式(2.6)可得

$$v_O = V_{DD} - K_n R_D (v_I - V_{TN})^2 \tag{2.7}$$

当晶体管偏置在饱和区时,该式给出输入和输出的关系。

当输入电压增大时,Q 点将沿负载线上升。在转移点处

$$V_{Ot} = V_{It} - V_{TN} \tag{2.8}$$

其中 V_{Ot} 和 V_{It} 分别为转移点的漏-源和栅-源间电压。将式(2.8)代入式(2.7),可以求得转

移点输入电压为

$$K_n R_D (V_{It} - V_{TN})^2 + (V_{It} - V_{TN}) - V_{DD} = 0 \tag{2.9}$$

当输入电压大于 V_{It} 时，Q 点继续沿负载线上升，晶体管将偏置在非饱和区，此时漏极电流为

$$i_D = K_n [2(v_{GS} - V_{TN})v_{DS} - v_{DS}^2] = K_n [2(v_I - V_{TN})v_O - v_O^2] \tag{2.10}$$

联合求解式(2.5)和式(2.10)，可得

$$v_O = V_{DD} - K_n R_D [2(v_I - V_{TN})v_O - v_O^2] \tag{2.11}$$

当晶体管偏置在非饱和区时，该式给出输入和输出的关系。

图 2.4 给出这个反相器在三个不同阻值下的电压传输特性。图中同时给出与式(2.8)相对应的曲线，它对晶体管的饱和和非饱和偏置区进行分割。由图可见，当负载电阻增加时，与输入高电平对应的输出电压的最小值(即逻辑 0)减小，而高输入和低输入之间的转折区的陡峭程度变大。

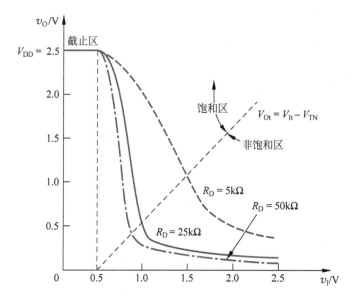

图 2.4 电阻负载 NMOS 反相器的电压传输特性，使用例题 2.1 中的参数和三个不同阻值

需要注意，在集成电路中很难制作大电阻。反相器中使用大阻值的电阻，不仅可以限制输出电流和功耗，还可使输出低电平的电压值 V_{OL} 变得更小。然而，在标准 MOS 制作工艺中，它也需要更大的芯片面积。为了避免这个问题，可以使用 MOS 晶体管代替电阻作为负载器件，后续章节将进行讨论。

例题 2.1 求解电阻负载 NMOS 反相器的转移点、最小输出电压、最大漏极电流和最大功耗。图 2.3(a)所示电路的参数为 $V_{DD} = 2.5\text{V}, R_D = 20\text{k}\Omega$。晶体管参数为 $V_{TN} = 0.5\text{V}$，$K_n = 0.3\text{mA/V}^2$。

解：由式(2.9)可以求得转移点的输入电压

$$(0.3)(25)(V_{It} - 0.5)^2 + (V_{It} - 0.5) - 2.5 = 0$$

求得

$$V_{It} - 0.5 = 0.515\text{V} \quad 即 \quad V_{It} = 1.015\text{V}$$

转移点的输出电压为

$$V_{Ot} = V_{It} - V_{TN} = 1.015 - 0.5 = 0.515 \text{V}$$

当输入为高电平,$v_I = 2.5\text{V}$ 时,由式(2.11)可以求得输出电压

$$v_O = 2.5 - (0.3(25)[2(2.5-0.5)v_O - v_O^2]$$

求得输出低电平为

$$v_O = v_{OL} = 82.3 \text{mV}$$

反相器的最大漏极电流出现在 $v_O = V_{OL}$ 处,其值为

$$i_{D,max} = \frac{2.5 - 0.0823}{25} = 96.7 \mu\text{A}$$

反相器的最大功耗为

$$P_{D,max} = i_{D,max} \cdot V_{DD} = 0.0967 \times 2.5 = 0.242 \text{mW}$$

点评:输出低电平 V_{OL} 的值小于开启电压 V_{TN},因此,当反相器的输出用于驱动另一个类似的反相器时,负载反相器的驱动晶体管将截止,输出为高电平,这正是所期望的状态。将对三种基本 NMOS 反相器的最大漏极电流和最大功耗进行比较。

练习题 2.1 图 2.3(a)所示电路中,偏置电压 $V_{DD} = 3\text{V}$,假设晶体管参数为 $k_n' = 100\mu\text{A/V}^2$,$W/L = 4$,$V_{TN} = 0.5\text{V}$。①当 $v_I = 3\text{V}$ 时,求解使 $v_O = 0.1\text{V}$ 时的 R_D 值。②利用①中结果,求解反相器的最大漏极电流和最大功耗。③利用①中结果,求解驱动晶体管的转移点。

答案:①$R_D = 29.6 \text{k}\Omega$;②$i_{D,max} = 0.098 \text{mA}$,$P_{D,max} = 0.294 \text{mW}$;③$V_{It} = 1.132\text{V}$,$V_{Ot} = 0.632\text{V}$。

将 N 沟道增强型 MOSFET 的栅极连接到漏极,可以用作 NMOS 反相器的负载器件。可以发现,当 $v_{GS} = v_{DS} \geq V_{TN}$ 时,晶体管始终工作在饱和区,漏极电流为

$$i_D = K_n(v_{GS} - V_{TN})^2 = K_n(v_{DS} - V_{TN})^2 \qquad (2.12)$$

继续忽略输出电阻和 λ 参数的影响。

图 2.5(a)所示为带增强型负载器件的 NMOS 反相器。驱动晶体管的参数表示为 V_{TND} 和 K_D,负载晶体管参数表示为 V_{TNL} 和 K_L。衬底的连接未在图中给出。后面分析中将忽略衬底的基体效应,并假设所有开启电压均为常数。这些假设对基本分析和反相器的特性均无太大影响。

图 2.5(b)给出驱动晶体管的特性和负载曲线。当反相器的输入电压低于驱动晶体管的开启电压时,驱动晶体管截止,漏极电流为零。由式(2.12)可得

$$i_{DL} = 0 = K_L(v_{DSL} - V_{TNL})^2 \qquad (2.13)$$

由图 2.5(a)可见 $v_{DSL} = V_{DD} - v_O$,即

$$v_{DSL} - V_{TNL} = V_{DD} - v_O - V_{TNL} = 0 \qquad (2.14\text{a})$$

于是,最大输出电压为

$$v_{O,max} \equiv V_{OH} = V_{DD} - V_{TNL} \qquad (2.14\text{b})$$

对于带增强型负载的 NMOS 反相器,最大输出电压,即逻辑 1 电平,并不能达到 V_{DD} 的大小。图 2.5(b)中的负载线给出截止点。

当输入电压刚好大于开启电压 V_{TND} 时,驱动晶体管导通,偏置在饱和区。稳态时,由于输出端连到其他 MOS 晶体管的栅极,两个漏极电流相等,即 $i_{DD} = i_{DL}$,也可以表示为

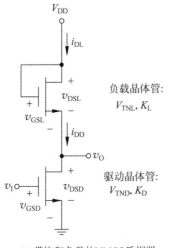 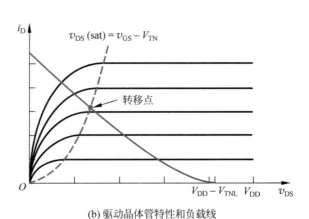

(a) 带饱和负载的NMOS反相器　　　　(b) 驱动晶体管特性和负载线

图　2.5

$$K_D(v_{GSD}-V_{TND})^2 = K_L(v_{GSL}-V_{TNL})^2 \quad (2.15)$$

式(2.15)以单个晶体管参数表示。若用输入电压和输出电压表示，上式可以变为

$$K_D(v_I-V_{TND})^2 = K_L(V_{DD}-v_O-V_{TNL})^2 \quad (2.16)$$

求得输出电压为

$$v_O = V_{DD}-V_{TNL}-\sqrt{\frac{K_D}{K_L}}(v_I-V_{TND}) \quad (2.17)$$

随着输入电压的增加，驱动晶体管的 Q 点将沿负载线上移，输出电压随 v_I 线性减小。

在驱动晶体管的转换点，有

$$v_{DSD}(\text{sat}) = v_{GSD}-V_{TND}$$

即

$$V_{Ot} = V_{It}-V_{TND} \quad (2.18)$$

将式(2.18)代入式(2.17)，可得转移点的输入电压为

$$V_{It} = \frac{V_{DD}-V_{TNL}+V_{TND}\left(1+\sqrt{\frac{K_D}{K_L}}\right)}{1+\sqrt{\frac{K_D}{K_L}}} \quad (2.19)$$

当输入电压变得比 V_{It} 大时，驱动晶体管的 Q 点将沿着负载线继续上升，驱动晶体管进入非饱和区。由于驱动和负载晶体管的漏极电流依然相等，即 $i_{DD}=i_{DL}$，于是有

$$K_D[2(v_{GSD}-V_{TND})v_{DSD}-v_{DSD}^2] = K_L(v_{DSL}-V_{TNL})^2 \quad (2.20)$$

将式(2.20)写成输入电压和输出电压形式，可得

$$K_D[2(v_I-V_{TND})v_O-v_O^2] = K_L(V_{DD}-v_O-V_{TNL})^2 \quad (2.21)$$

显然，在此区域内 v_I 和 v_O 不再是线性关系。

图2.6给出3种 K_D/K_L 比值下反相器的电压传输特性。K_D/K_L 比值为几何尺寸比，它与驱动和负载晶体管的宽长比参数有关。

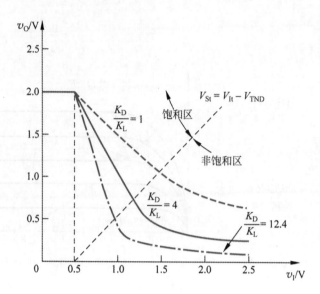

图 2.6 饱和负载 NMOS 反相器的电压传输特性,使用例题 2.2 的参数和 3 种尺寸比

图中也给出与式(2.18)对应的划分驱动晶体管饱和区和非饱和区的分界线。不难发现,与输入高电平对应的输出电压的最小值,即逻辑 0 的电平值,随着 K_D/K_L 比值的增大而减小。随着负载晶体管宽长比的减小,等效电阻将增大,也就是说传输特性的一般性质与电阻负载一样。然而,此时的输出高电平为

$$V_{OH} = V_{DD} - V_{TNL}$$

当驱动晶体管偏置在饱和区时,通过将式(2.17)对 v_I 求导,可以得到传输特性曲线的斜率,即反相器的增益。可以看到

$$dv_O/dv_I = -\sqrt{K_D/K_L}$$

当宽长比大于 1 时,反相器增益的幅值也大于 1。在某些区域,反相器的传输特性呈现出增益大于 1 特性的逻辑电路,在一些应用场合也被称为恢复逻辑系列。因为某种原因一个电路的逻辑信号变差,但能够被下一个逻辑电路的增益所恢复,恢复逻辑电路因此而得名。

例题 2.2

(1) **目标**:设计一个 NMOS 反相器,满足一组指标要求,并求解反相器的功耗。

(2) **设计指标**:设计如图 2.5(a)所示的饱和负载 NMOS 反相器,使得 $v_I=2.0V$ 时,$v_O=0.1V$。电路的偏置电压 $V_{DD}=2.5V$(忽略衬底的基体效应)。

(3) **器件选择**:可提供参数为 $V_{TN}=0.5V$、$k_n'=100\mu A/V^2$ 的晶体管。

解:忽略基体效应时,最大输出电压(定义为逻辑 1)为

$$V_{OH} = V_{DD} - V_{TNL} = 2.5 - 0.5 = 2.0V$$

当 $v_I=2.0V$ 时,驱动晶体管偏置在非饱和区,而负载晶体管始终偏置在饱和区。令两个晶体管的漏极电流相等,利用式(2.21)可得

$$K_D[2(2.0-0.5) \times 0.1 - (0.1)^2] = K_L(2.5-0.1-0.5)^2$$

即

$$\frac{K_D}{K_L} = 12.4$$

若选择 $(W/L)_L = 1$,则由于

$$\frac{K_D}{K_L} = \frac{(W/L)_D}{(W/L)_L}$$

可得 $\left(\frac{W}{L}\right)_D = 12.4$。

反相器的最大电流出现在 $v_O = V_{OL} = 0.1\text{V}$ 处,可由下式计算

$$i_{D,\max} = \frac{k_n'}{2} \cdot \left(\frac{W}{L}\right)_D [2(v_I - V_{TND})v_O - v_O^2]$$

$$= \frac{0.1}{2} \times 12.4 \times [2(2.0 - 0.5) \times 0.1 - (0.1)^2] = 0.180\text{mA}$$

反相器的最大功耗为

$$P_{D,\max} = i_{D,\max} \cdot V_{DD} = 0.18 \times 2.5 = 0.45\text{mW}$$

点评:在增强型负载 NMOS 反相器中,为了获得相对较低的输出电压 V_{OL},驱动晶体管和负载晶体管的尺寸需要有较大的差别。由于负载晶体管的宽长比不能显著减小,最大功耗也不能显著低于 0.45mW。

练习题 2.2 图 2.5(a)所示的增强型负载 NMOS 反相器偏置在 $V_{DD} = 3\text{V}$。晶体管参数为 $k_n' = 100\mu\text{A/V}^2$, $V_{TND} = V_{TNL} = 0.4\text{V}$, $(W/L)_D = 16$, $(W/L)_L = 2$。①求解 V_I 分别为 0.1V 和 2.6V 时的 v_O。②求解反相器的最大电流和最大功耗。③求解驱动晶体管的转移点。

答案:① $v_O = 2.6\text{V}$, $v_O = 0.174\text{V}$;② $i_{D,\max} = 0.589\text{mA}$, $P_{D,\max} = 1.766\text{mW}$;③ $V_{It} = 1.08\text{V}$, $V_{Ot} = 0.68\text{V}$。

2. 带耗尽型负载的 NMOS 反相器

耗尽型 MOSFET 也可以用作 NOMS 反相器的负载器件。图 2.7(a)所示即为带耗尽型负载的 NMOS 反相器电路。耗尽型晶体管的栅极和源极连接在一起。驱动晶体管仍为增强型器件。和前面一样,驱动晶体管参数为 $V_{TND}(V_{TND} > 0)$ 和 K_D,负载晶体管参数为 $V_{TNL}(V_{TNL} < 0)$ 和 K_L。同样,未给出衬底的连接。由于两个器件的开启电压不相等,这个反相器的制作工艺比增强型负载反相器要复杂。然而,将会看到的是,由于这种反相器拥有诸多优点,增加制作工艺步骤还是值得的。该反相器是很多微处理器和静态存储器的设计基础。

忽略衬底的基体效应,耗尽型负载的电流-电压特性如图 2.7(b)所示。由于栅极和源极相连,$v_{GSL} = 0$,负载的 Q 点位于这条曲线上。

图 2.7(c)所示为驱动晶体管的特性和理想的负载线。当反相器的输入低于驱动晶体管的开启电压时,驱动晶体管截止,漏极电流为零。由图 2.7(b)可见,当 $i_D = 0$ 时,负载晶体管的漏-源间电压必定为零;因此,当 $v_I \leq V_{TND}$ 时,$v_O = V_{DD}$。耗尽型负载反相器优于增强型负载反相器的地方是它的高输出电压,即逻辑 1 电平为 V_{DD}。

当输入电压刚好高于驱动晶体管的开启电压 V_{TND} 时,驱动晶体管导通,偏置在饱和区,而负载晶体管工作在非饱和区。Q 点位于图 2.7(c)所示负载线上的 A、B 两点之间。仍然

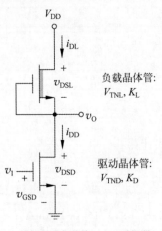
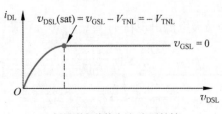

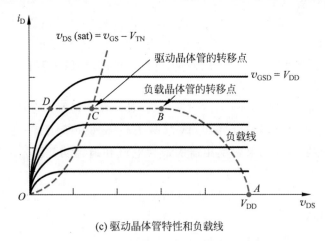

图 2.7

假设驱动晶体管和负载晶体管的漏极电流相等,即 $i_{DD}=i_{DL}$,这意味着

$$K_D[v_{GSD}-V_{TND}]^2 = K_L[2(v_{GSL}-V_{TNL})v_{DSL}-v_{DSL}^2] \qquad (2.22)$$

将式(2.22)用输入电压、输出电压表示,有

$$K_D[v_I-V_{TND}]^2 = K_L[2(-V_{TNL})(V_{DD}-v_O)-(V_{DD}-v_O)^2] \qquad (2.23)$$

当驱动晶体管工作在饱和区且负载晶体管工作在非饱和区时,该式给出 NMOS 反相器的输入电压和输出电压的关系。

耗尽型负载 NMOS 反相器具有两个转移点:一个是负载晶体管的,另一个是驱动晶体管的,分别对应于图 2.7(c)中的 B、C 两点。负载晶体管的转移点由下式给出

$$v_{DSL} = V_{DD}-V_{Ot} = v_{GSL}-V_{TNL} = -V_{TNL} \qquad (2.24a)$$

即

$$V_{Ot} = V_{DD}+V_{TNL} \qquad (2.24b)$$

由于 V_{TNL} 为负值,转移点的输出电压低于 V_{DD}。驱动晶体管的转移点由下式给出

$$v_{DSD} = v_{GSD}-V_{TND}$$

即

$$V_{Ot} = V_{It} - V_{TND} \tag{2.25}$$

当 Q 点落于负载线的 B、C 两点之间时,驱动晶体管和负载晶体管都偏置在饱和区,并有

$$K_D(v_{GSD} - V_{TND})^2 = K_L(v_{GSL} - V_{TNL})^2 \tag{2.26a}$$

即

$$\sqrt{\frac{K_D}{K_L}}(v_I - V_{TND}) = -V_{TNL} \tag{2.26b}$$

式(2.26b)表明,当 Q 点经过该区域时,输入电压为常数。图 2.7(c)中也给出了这个效果,B 和 C 之间的负载线为 v_{GSD} 常数。(如果考虑衬底的基体效应,这一特性会有所改变。)

当输入电压大于式(2.26b)所给出的电压时,驱动晶体管工作在非饱和区,负载晶体管工作在饱和区,Q 点落在图 2.7(c)所示负载线的 C、D 点之间。令两个晶体管的漏极电流相等,可得

$$K_D[2(v_{GSD} - V_{TND})v_{DSD} - v_{DSD}^2] = K_L(v_{GSL} - V_{TNL})^2 \tag{2.27a}$$

整理可得

$$\frac{K_D}{K_L}[2(v_I - V_{TND})v_O - v_O^2] = (-V_{TNL})^2 \tag{2.27b}$$

该式表明,在这个区域,输入和输出电压不再是线性关系。

图 2.8 给出这个反相器在 3 种不同 K_D/K_L 比值下的电压传输特性,同时也分别画出了驱动晶体管和负载晶体管分别由式(2.24b)和式(2.25)给出的转移点轨迹。

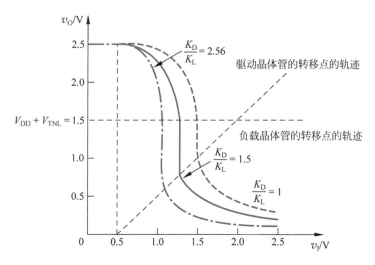

图 2.8 耗尽型负载 NMOS 反相器在 3 种 K_D/K_L 比值下的电压传输特性

例题 2.3

(1) **目标**:设计一个 NMOS 反相器,满足一组指标要求,并求解反相器的功耗。

(2) **设计指标**:待设计的耗尽型负载 NOMS 反相器如图 2.7(a)所示,要求当 $v_I = 2.5\text{V}$ 时,$v_O = V_{OL} = 0.10\text{V}$。电路偏置在 $V_{DD} = 2.5\text{V}$。(忽略衬底的基体效应。)

(3) **器件选择**:可提供工艺传导参数 $k'_n = 100\mu\text{A/V}^2$ 的晶体管。驱动晶体管的开启电压 $V_{TND} = 0.5\text{V}$,负载晶体管的开启电压 $V_{TNL} = -1\text{V}$。

解：当 $v_I=2.5\text{V}$ 时，驱动晶体管偏置在非饱和区，而负载晶体管偏置在饱和区。由式(2.27(b))可得

$$K_D[2\times(2.5-0.5)\times0.1-(0.1)^2]=K_L[0-(-1)]^2$$

求得 $\dfrac{K_D}{K_L}=2.56$。

若选择 $(W/L)_L=1$，则有

$$\frac{K_D}{K_L}=\frac{(W/L)_D}{(W/L)_L}\Rightarrow 2.56=\frac{(W/L)_D}{1}\Rightarrow \left(\frac{W}{L}\right)_D=2.56$$

最大电流出现在输出为低电平时，因此，由负载晶体管可得

$$i_{D,\max}=\frac{k_n'}{2}\cdot\left(\frac{W}{L}\right)_L(0-V_{TNL})^2=\frac{100}{2}\times1\times[0-(-1)]^2=50\mu\text{A}$$

最大功耗为

$$P_{D,\max}=i_{D,\max}\cdot V_{DD}=50\times2.5=125\mu\text{W}$$

点评：对于耗尽型负载 NMOS 反相器，即使驱动晶体管和负载晶体管的尺寸差异不大，也可以得到相对较低的输出电压 V_{OL}。由于其几何尺寸比更小，该反相器的功耗显著低于增强型负载反相器。

折中考虑：以上三种 NMOS 反相器的静态分析清晰地表明了耗尽型负载反相器的优势。在给定的负载器件尺寸下，为产生给定的低输出电压，驱动晶体管的尺寸更小，于是就可以在给定的芯片面积上制作出数量更多的反相器。此外，由于功耗更低，在给定的电路总功耗下，一个芯片上可以集成更多的反相器。

练习题 2.3 图 2.7(a) 所示的耗尽型负载 NMOS 反相器偏置在 $V_{DD}=3\text{V}$。晶体管参数为 $k_n'=100\mu\text{A}/\text{V}^2$，$V_{TND}=0.4\text{V}$，$V_{TNL}=-0.8\text{V}$，$(W/L)_D=6$，$(W/L)_L=2$。①求解当 $v_I=3\text{V}$ 时的 v_O，忽略基体效应。②求解反相器的最大电流和最大功耗。③求解驱动晶体管和负载晶体管的转移点。

答案：① $v_O=0.0414\text{V}$；② $i_{D,\max}=0.064\text{mA}$，$P_{D,\max}=0.192\text{mW}$；③ 驱动晶体管：$V_{It}=0.862\text{V}$，$V_{Ot}=0.462\text{V}$；负载晶体管 $V_{It}=0.862\text{V}$，$V_{Ot}=2.2\text{V}$。

2.1.3 衬底的基体效应

到目前为止，都忽略衬底的基体效应，并假设开启电压为常数。图 2.9 给出增强型负载和耗尽型负载反相器，所有晶体管的衬底均接地，于是负载晶体管的源极与衬底间的电压不为零。实际上，耗尽型负载的源极电压可以增加到 V_{DD}。此时，负载晶体管必须使用考虑基体效应的开启电压计算公式，这将使电压传输特性的计算方程明显变得复杂，使人工分析变得十分麻烦。

例题 2.4 考虑衬底的基体效应，求解增强型负载 NMOS 反相器的高输出电压的变化。图 2.9(a) 所示的增强型负载 NMOS 反相器电路中，晶体管参数为 $V_{TNDO}=V_{TNLO}=0.5\text{V}$，$K_D/K_L=16$。假设反相器偏置在 $V_{DD}=2.5\text{V}$，衬底的基体效应系数 $\gamma=0.5\text{V}^{1/2}$，$\phi_{fp}=0.365\text{V}$。

解：当 $v_I<V_{TNDO}$ 时，驱动晶体管截止，输出高电平。由式(2.14(b))可得，最大输出电压为

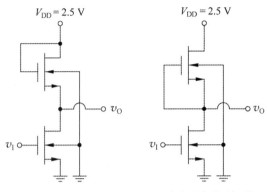

(a) 增强型负载反相器　　(b) 耗尽型负载反相器

图 2.9　衬底接地的 NMOS 反相器

$$v_{O,max} = V_{OH} = V_{DD} - V_{TNL}$$

其中 V_{TNL} 为

$$V_{TNL} = V_{TNLO} + \gamma[\sqrt{2\phi_{fp} + V_{SB}} - \sqrt{2\phi_{fp}}]$$

从图 2.9(a)可以看出，$V_{SB} = v_O$，因此，式(2.14(b))可以写为

$$v_{O,max} = V_{DD} - \{v_{TNLO} + \gamma[\sqrt{2\phi_{fp} + v_{O,max}} - \sqrt{2\phi_{fp}}]\}$$

定义 $v_{O,max} = V_{OH}$，可得

$$V_{OH} - 2.427 = -0.5\sqrt{0.73 + V_{OH}}$$

将等式两边取平方，整理可得

$$V_{OH}^2 - 5.1044 V_{OH} + 5.7088 = 0$$

求得最大输出电压，即逻辑 1 的电平值为 $V_{OH} = 1.655 V$。

点评：忽略衬底的基体效应，逻辑 1 的输出电压为

$$V_{OH} = V_{DD} - V_{TNLO} = 2.5 - 0.5 = 2.0 V$$

由此，衬底的基体效应对增强型负载反相器的高电平输出影响很大，这些结果也会影响反相器的噪声容限。

当输出为高电平时，图 2.9(b)所示 NMOS 反相器的耗尽型负载晶体管的源极和衬底电压不相等。而为了使 $v_{O,max} = V_{OH} = V_{DD}$，当驱动晶体管截止时，负载晶体管的漏-源间电压必须为零。

计算机仿真：对图 2.9 所示的 NMOS 反相器进行计算机分析，分别忽略或考虑衬底的基体效应。参数为 $V_{DD} = 5V$，驱动晶体管的 $V_{TNDO} = 0.8V$，饱和型负载晶体管的 $V_{TNLO} = 0.8V$，耗尽型负载晶体管 $V_{TNLO} = -2V$。假设基体效应系数为 $\gamma = 0.9 V^{1/2}$。

衬底的基体效应对增强型和耗尽型负载反相器的电压传输特性都有影响。图 2.10(a)给出增强型负载反相器的电压传输特性。当 $v_I = 0$ 时，考虑衬底的基体效应时，输出电压为 3.15V，而忽略衬底的基体效应时，该值为 4.2V。

图 2.10(b)所示为耗尽型负载反相器的电压传输特性。当输出高电平为 5V 时，不受衬底基体效应的影响，但是转移区域的特性是衬底基体效应的函数。

练习题 2.4　如果衬底的基体效应系数为 $\gamma = 0.3 V^{1/2}$，重复例题 2.4。

答案：$V_{OH} = 1.781 V$。

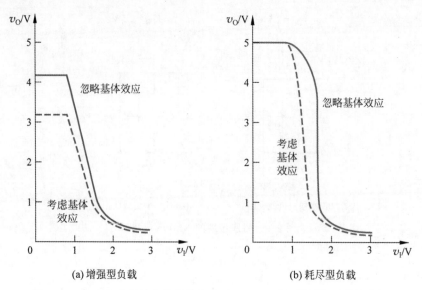

(a) 增强型负载   (b) 耗尽型负载

图 2.10 忽略和考虑衬底的基体效应时 NMOS 反相器的电压传输特性

理解测试题 2.1 图 2.5(a) 所示的增强型负载 NMOS 反相器中, 偏置电压为 $V_{DD}=1.8\text{V}$, 开启电压为 $V_{TND}=V_{TNL}=0.4\text{V}$。假设 $k'_n=100\mu\text{A}/\text{V}^2$。设计晶体管的宽长比, 使得 $v_I=1.4\text{V}$ 时, 输出电压为 0.12V, 且反相器的最大功耗为 0.50mW。忽略基体效应。

答案:$(W/L)_L=3.39,(W/L)_D=24.6$。

理解测试题 2.2 图 2.7(a) 所示的耗尽型负载 NMOS 反相器偏置在 $V_{DD}=1.8\text{V}$。开启电压为 $V_{TND}=0.4\text{V}, V_{TNL}=-0.6\text{V}$。假设 $k'_n=100\mu\text{A}/\text{V}^2$。设计晶体管, 使得 $v_I=1.8\text{V}$ 时, 最大功耗为 0.2mW, 输出电压为 0.08V。忽略基体效应。

答案:$(W/L)_L=6.17,(W/L)_D=10.2$。

理解测试题 2.3 ①利用练习题 2.1 的结果。假设在一块芯片上制作 100,000 个电阻负载反相器, 每个反相器的输入电压为高电平。求解需要给每个芯片提供的电流值以及最大功耗。②对于增强型负载反相器, 重复练习题 2.2 的①。③对于耗尽型负载反相器, 重复练习题 2.3 的①。

答案:①$I=9.8\text{A}, P=29.4\text{W}$; ②$I=58.9\text{A}, P=176.6\text{W}$; ③$I=6.4\text{A}, P=19.2\text{W}$。

2.2 NMOS 逻辑电路

目标:分析和设计 NMOS 逻辑门。

通过将并联、串联以及串并联的驱动晶体管进行组合, 可以构成 NMOS 逻辑电路, 产生所需要的输出逻辑函数。

2.2.1 NMOS 或非门和与非门

NMOS 或非逻辑门包含附加的并联驱动晶体管。图 2.11 所示为带耗尽型负载的 2 输入 NMOS 或非逻辑门。如果 $A=B=$ 逻辑 0, 则晶体管 M_{DA} 和 M_{DB} 都截止, $v_O=V_{DD}$。如

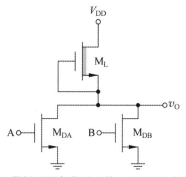

图 2.11 带耗尽型负载的 2 输入 NMOS 或非逻辑门

果 $A=$ 逻辑 1 且 $B=$ 逻辑 0，则 M_{DB} 截止，M_L 和 M_{DA} 构成与前所述相同的反相器，输出电压为低电平。同理，如果 $A=$ 逻辑 0 且 $B=$ 逻辑 1，也构成相同的反相器电路。

如果 $A=B=$ 逻辑 1，则 M_{DA} 和 M_{DB} 都导通，两个驱动晶体管并联，输出电压的值略有变化。图 2.12 给出两个输入电平均为逻辑 1 时的或非门。根据之前的分析，可以假设两个驱动晶体管都偏置在非饱和区，而负载晶体管偏置在饱和区，于是有

$$i_{DL} = i_{DA} + i_{DB}$$

也可以写成一般形式

$$K_L(v_{GSL} - V_{TNL})^2 = K_{DA}[2(v_{GSA} - V_{TNA})v_{DSA} - v_{DSA}^2] \\ + K_{DB}[2(v_{GSB} - V_{TNB})v_{DSB} - v_{DSB}^2] \quad (2.28)$$

如果假设两个驱动晶体管相同，则它们的传导参数和开启电压均相同，即 $K_{DA}=K_{DB}=K_D$，$V_{TNA}=V_{TNB}=V_{TND}$。注意到 $v_{GSL}=0$，$v_{GSA}=v_{GSB}=V_{DD}$，$v_{DSA}=v_{DSB}=v_O$，式(2.28)可以写为

$$(-V_{TNL})^2 = 2\left(\frac{K_D}{K_L}\right)[2(V_{DD} - V_{TND})v_O - v_O^2] \quad (2.29)$$

式(2.29)表明如果两个驱动晶体管都导通，组合驱动晶体管的等效宽长比加倍。也就是说，当两个输入均为高电平时，输出电压稍稍变低。

例题 2.5 求解 NMOS 或非门的低输出电压。图 2.12 所示的或非逻辑门偏置在 $V_{DD}=2.5V$。假设晶体管参数为 $k_n'=100\mu A/V^2$，$V_{TND}=0.4V$，$V_{TNL}=-0.6V$，$(W/L)_D=4$，$(W/L)_L=1$。忽略衬底的基体效应。

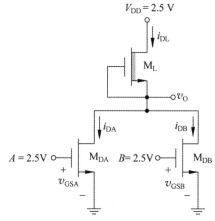

图 2.12 例题 2.5 的 2 输入 NMOS 或非逻辑门

解：例如，如果 $A=$ 逻辑 $1=2.5$V 且 $B=$ 逻辑 0，则 M_{DA} 偏置在非饱和区，M_{DB} 截止。由式(2.27(b))可得输出电压为

$$\frac{K_D}{K_L}[2(v_I-V_{TND})v_O-v_O^2]=(-V_{TNL})^2$$

即

$$\frac{4}{1}[2(2.5-0.4)v_O-v_O^2]=[-(-0.6)]^2$$

求得输出电压为 $v_O=21.5$mV。

如果两个输入均为高电平，则 $A=B=$ 逻辑 $1=V_{DD}=2.5$V，由式(2.29)可求得输出电压

$$(-V_{TNL})^2=2\left(\frac{K_D}{K_L}\right)[2(V_{DD}-V_{TND})v_O-v_O^2]$$

即

$$[-(-0.6)]^2=2\left(\frac{4}{1}\right)[2(2.5-0.4)v_O-v_O^2]$$

求得输出电压为 $v_O=10.7$mV。

点评：当只有一个输入为高电平时，NMOS 或非门应能获得一个特定的 V_{OL} 输出电压，这给出逻辑 0 的最大电压值。当一个以上的输入为高电平时，由于组合驱动晶体管的等效宽长比增大，或非门的输出电压比特定的 V_{OL} 电压值要小。

练习题 2.5 输入 NMOS 或非逻辑门如图 2.11 所示，令 $V_{DD}=1.8$V。假设晶体管参数为 $k_n'=35\mu\text{A/V}^2$，$V_{TND}=0.4$V，$V_{TNL}=-0.6$V，$(W/L)_D=5$，$(W/L)_L=1$。忽略衬底的基体效应。①求解当 $A=$ 逻辑 1，$B=$ 逻辑 0，以及 $A=B=$ 逻辑 1 时的 V_{OL}。②计算①中所给出的输入条件下电路的功耗。

答案：①$v_O=26$mV，$v_O=12.9$mV；②$P=32.4\mu$W。

NMOS 与非逻辑门包含附加的串联驱动晶体管。图 2.13 所示为带耗尽型负载的 2 输入 NMOS 与非逻辑门。如果 $A=B=$ 逻辑 0，或 A、B 之一为逻辑 0，则至少有一个驱动晶体管截止，输出为高电平。如果 $A=B=$ 逻辑 1，则 NMOS 反相器的复合驱动晶体管导通，输出为低电平。

由于 M_{DA} 和 M_{DB} 的栅-源间电压不相等，与非门实际电压 V_{OL} 的求解比较困难。M_{DA} 和 M_{DB} 必定会调整它们的漏-源间电压，使得电流相等。另外，如果考虑衬底的基体效应，则分析将变得更为复杂。由于两个驱动晶体管串联，为了获得给定的 V_{OL}，常常假设驱动晶体管的宽长比为 NMOS 反相器中单个晶体管宽长比的两倍。

图 2.14 给出 2 输入或非门和与非门中驱动晶体管的组合宽长比。对于或非门，等效宽度加倍；对于与非门，等效长度加倍。

例题 2.6 求解 NMOS 与非门的低输出电压。图 2.13 所示的 NMOS 与非逻辑门偏置在 $V_{DD}=2.5$V。假设晶体管参数为 $k_n'=100\mu\text{A/V}^2$，$V_{TND}=0.4$V，$V_{TNL}=-0.6$V，$(W/L)_D=8$，

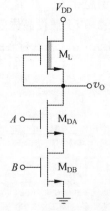

图 2.13 带耗尽型负载的 2 输入 NMOS 与非逻辑门

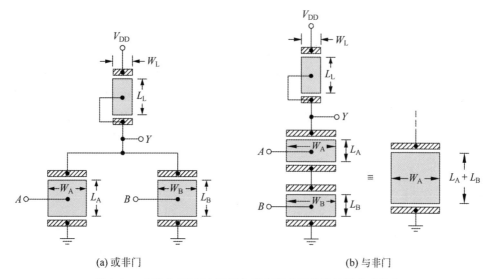

(a) 或非门　　　　　　　　　(b) 与非门

图 2.14　2 输入 NMOS 逻辑电路中驱动晶体管的组合宽长比

$(W/L)_L=1$。忽略衬底的基体效应。

解：如果 A 或 B 之一为逻辑 0，则 $v_O=$ 逻辑 $1=2.5V$。

如果 $A=B=$ 逻辑 $1=2.5V$，则两个驱动晶体管均工作在非饱和区，输出为低电平。作为一个好的近似，假设驱动晶体管的等效长度加倍。于是，根据式(2.27(b)))，可得

$$\frac{\frac{1}{2}\cdot\left(\frac{W}{L}\right)_D}{\left(\frac{W}{L}\right)_L}[2(v_I-V_{TND})v_O-v_O^2]=(-V_{TNL})^2$$

即

$$\frac{8}{2\times 1}[2(2.5-0.4)v_O-v_O^2]=[-(-0.6)]^2$$

求得输出电压为 $v_O=21.5mV$。

该输出电压值与 $(W/L)_D=4$、$(W/L)_L=1$ 的单个反相器相同。

点评：如果需要制作 N 输入与非门，为了获得指定的 V_{OL} 值，驱动晶体管的宽长比应为 NMOS 反相器中单个驱动晶体管宽长比的 N 倍。由于与非逻辑门中驱动晶体管所需的面积过大，输入端个数多于 3 或 4 并不理想。

练习题 2.6　带耗尽型负载的三输入 NMOS 或非逻辑门，$(W/L)_L=1$，重复例题 2.6。
①$(W/L)_D=12$；②$(W/L)_D=4$。

答案：①$v_O=21.5mV$；②$v_O=65.3mV$。

2.2.2　NMOS 逻辑电路

驱动晶体管的串-并联结构可以进行扩展，实现更加复杂的逻辑函数。观察图 2.15 所示电路，可以得到其布尔输出函数为

$$f=\overline{(A\cdot B+C)}$$

同样，当只有 M_{DA} 和 M_{DB} 导通，或只有 M_{DC} 导通时，图中所示单个晶体管的宽长比产生的

单个反相器的等效 K_D/K_L 比为 4。由于单个晶体管的宽长比不可能做得很大,实际能实现的逻辑函数不可能太复杂。

其他两种逻辑函数为异或和同或。图 2.16 给出产生异或函数的电路。如果 $A=B=$ 逻辑 1,则输出端通过驱动晶体管 M_{DA} 和 M_{DB} 存在对地通路,输出为低电平。同理,如果 $A=B=$ 逻辑,即 $\overline{A}=\overline{B}=$ 逻辑 1,则输出端通过驱动晶体管 $M_{D\overline{B}}$ 和 $M_{D\overline{A}}$ 存在对地通路,输出为低电平。对于所有其他输入逻辑信号组合,输出与地断开,输出为高电平。

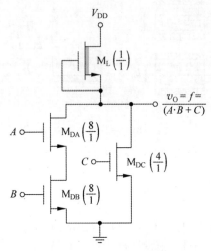

图 2.15 NMOS 逻辑电路示例

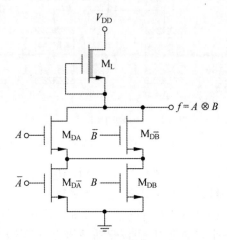

图 2.16 NMOS 异或逻辑门

2.2.3 扇出系数

如图 2.17 所示,NMOS 反相器或 NMOS 逻辑门必须能驱动一个以上的负载电路。假设每个负载与驱动电路相同,驱动逻辑电路输出端能够连接的同类型负载电路的个数定义为扇出系数。对于 MOS 逻辑电路,负载电路的输入端为 MOS 晶体管的氧化物绝缘栅极。因此,由多个负载电路引起的静态负载很小,直流传输曲线几乎与空载相同。也就是说,MOS 逻辑电路的直流特性未受到对其他 MOS 逻辑输入进行扇出的影响。然而,大扇出系数下的负载电容将严重影响电路的开关速度和传输延迟时间。

由此,为了使传输延迟时间小于某一特定值,限制了 MOS 数字电路的扇出系数的大小。

理解测试题 2.4 ①设计一个带耗尽型负载的 3 输入 NMOS 或非逻辑门,使得 $V_{OL(max)}=50\mathrm{mV}$ 且最大功耗为 $50\mu\mathrm{W}$。令 $V_{DD}=2.5\mathrm{V}$。晶体管参数为 $k_n'=100\mu\mathrm{A}/\mathrm{V}^2$,$V_{TND}=0.4\mathrm{V}$,$V_{TNL}=-0.6\mathrm{V}$。②利用①的结果,求解当所有输入均为逻辑 1 时的 V_{OL}。

答案: ①$(W/L)_L=1.11$,$(W/L)_D=1.93$;②$V_{OL}=16.5\mathrm{mV}$。

理解测试题 2.5 图 2.18 所示的 NMOS 逻辑电路中,假设所有晶体管参数为 $k_n'=100\mu\mathrm{A}/\mathrm{V}^2$,$V_{TN}=0.4\mathrm{V}$。假设所有驱动晶体管均相同,忽略衬底的基体效应。①若 $(W/L)_L=0.5$,求解使得 $V_{OL(max)}=80\mu\mathrm{V}$ 的 (W/L)。假设逻辑 1 输入电压为 2.1V。

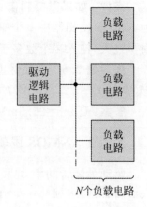

图 2.17 驱动 N 个负载电路的逻辑电路

② 求解逻辑电路的最大功耗。

答案：①$(W/L)_D=15.4$；②$P=255\mu W$。

理解测试题 2.6 对于图 2.19 所示的 NMOS 逻辑电路，重复理解测试题 2.5。除了假设负载晶体管的开启电压 $V_{TNL}=-0.6V$ 以外，其他参数同理解测试题 2.5。

答案：①$(W/L)_D=1.09$；②$P=22.5\mu W$。

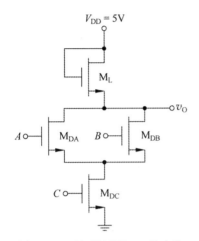
图 2.18 理解测试题 2.5 的电路

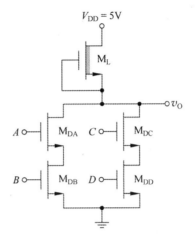
图 2.19 理解测试题 2.6 的电路

2.3 CMOS 反相器

目标：分析和设计 CMOS 反相器。

互补 MOS 或 CMOS 电路，同时包含 N 沟道和 P 沟道 MOSFET。将会看到，CMOS 逻辑电路的功耗比 NMOS 电路低得多，所以使得 CMOS 更受青睐。首先简要回顾 P 沟道晶体管的特性，然后分析 CMOS 反相器，它是大多数 CMOS 逻辑电路的基础。将研究 CMOS 或非门和与非门，以及其他的基本 CMOS 逻辑电路，包括功耗、噪声容限、扇出系数以及开关特性等。

2.3.1 P 沟道 MOSFET 回顾

图 2.20 所示为 P 沟道 MOSFET 的简化视图。P 区和 N 区与 N 沟道 MOSFET 中的相反。沟道长度为 L，宽度为 W。通常，对于特定的制作工艺，所有晶体管的沟道长度一定，沟道宽度是逻辑电路设计中的可变化量。

通常，在集成电路中，同一块 N 型衬底上会制作多个 P 沟道器件，因此 P 沟道晶体管存在基体效应。N 型衬底连接至最高电位。源极相对于衬底为负，因此，在衬底和源极之间可能存在电压 V_{BS}。开启电压为

$$V_{TP}=V_{TPO}-\frac{\sqrt{2e\varepsilon_s N_d}}{C_{oX}}[\sqrt{2\phi_{fn}+V_{BS}}-\sqrt{2\phi_{fn}}]$$
$$=V_{TPO}-\gamma[\sqrt{2\phi_{fn}+V_{BS}}-\sqrt{2\phi_{fn}}] \tag{2.30}$$

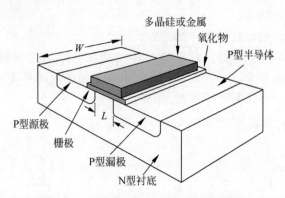

图 2.20 P 沟道 MOSFET 的简易剖面图

其中 V_{TPO} 是当衬底和源极之间电压为零,即 $V_{BS}=0$ 时的开启电压。参数 N_d 是 N 型衬底的掺杂浓度,ϕ_{fn} 是与衬底掺杂浓度有关的电势,γ 是衬底的基体效应系数。

1. 电流-电压关系

P 沟道 MOSFET 的伏安特性是其电气和几何特性的函数。当晶体管偏置在非饱和区时,有 $v_{SD} \leqslant v_{SG} + V_{TP}$,因此

$$i_D = K_p [2(v_{SG} + V_{TP}) v_{SD} - v_{SD}^2] \tag{2.31a}$$

在饱和区时 $v_{SD} \geqslant v_{SG} + V_{TP}$,这意味着

$$i_D = K_p (v_{SG} + V_{TP})^2 \tag{2.31b}$$

栅极电位相对于源极为负。为了使 P 沟道晶体管导通,必须有 $v_{GS} < V_{TP}$,其中对于增强型 MOS 晶体管来说 V_{TP} 为负。同时可以看到,当 P 沟道晶体管导通时 $v_{SG} > |V_{TP}|$。

在大多数情况下,沟道长度调制系数 λ 对 MOS 数字电路的工作特性影响很小。因此,除非特别声明,一般假设 λ 为零。

划分饱和区与非饱和区的转移点由下式给出

$$v_{SD} = v_{SD}(\text{sat}) = v_{SG} + V_{TP} \tag{2.32}$$

K_p 为传导参数,由式(2.33)给出

$$K_p = \left(\frac{1}{2} \mu_p C_{ox}\right)\left(\frac{W}{L}\right) = \frac{k'_p}{2} \frac{W}{L} \tag{2.33}$$

如前所述,对于所有器件,都假设空穴迁移率 μ_p 和氧化物电容 C_{ox} 均为常数。P 沟道硅 MOSFET 中的空穴迁移率大约为 N 沟道 MOSFET 中的电子迁移率 μ_n 的一半。也就是说,为了使两种器件电气等效(即具有相同的传导参数),P 沟道晶体管的沟道宽度必须约为 N 沟道晶体管的两倍。

2. 小尺寸效应

2.1.1 节中讨论的 N 沟道器件的小尺寸效应同样适用于 P 沟道器件。和 NMOS 反相器和逻辑电路一样,在 CMOS 逻辑电路设计中,可以将式(2.31a)、式(2.31b)和式(2.32)作为一阶方程。利用这些一阶方程,可以预测 CMOS 逻辑电路的基本工作特性。

2.3.2 CMOS 反相器的直流分析

图 2.21 所示的 CMOS 反相器由一个 P 沟道 MOSFET 和 N 沟道 MOSFET 串联组成。

两个 MOSFET 的栅极连接在一起,形成输入端;两个漏极连接在一起,形成输出端。两个晶体管均为增强型器件。NMOS 晶体管的参数记作 K_n 和 V_{TN},其中 $V_{TN}>0$;PMOS 晶体管的参数记作 K_p 和 V_{TP},其中 $V_{TP}<0$。

图 2.22 给出 CMOS 反相器的简易剖面图。在这个制作工艺中,在初始的 N 型衬底上制作一个 P 型阱。N 沟道器件制作在 P 型阱上,而 P 沟道器件则制作在 N 型衬底上。尽管还有其他制作 CMOS 电路的方法,比如在 P 型衬底上制作一个 N 型阱,重点是 CMOS 电路的制作比 NMOS 电路复杂得多。而与 NMOS 电路相比,CMOS 数字逻辑电路具备很多优点,虽然制作复杂,使用 CMOS 电路是值得的。

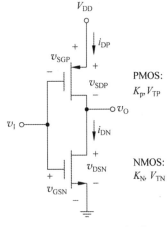

图 2.21 CMOS 反相器

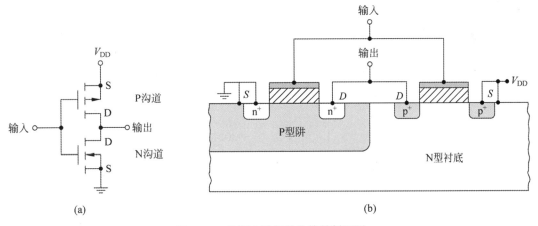

图 2.22 CMOS 反相器的简易剖面图

1. 电压传输曲线

图 2.23 所示为 N 沟道和 P 沟道器件的晶体管特性。通过分析各晶体管的工作区,可以确定反相器的电压传输特性。当 $v_I=0$ 时,NMOS 晶体管截止,$i_{DN}=0$ 且 $i_{DP}=0$。PMOS 晶体管的源-栅间电压为 V_{DD},即 PMOS 晶体管偏置在图 2.23(b) 中标记为 B 的曲线上。由于曲线上 $i_{DP}=0$ 的点只对应 $v_{SDP}=0=V_{DD}-v_O$,输出电压为 $v_O=V_{DD}$。只要 NMOS 晶体管截止,即 $v_I \leqslant V_{TN}$,这一结论成立。

当 $v_I=V_{DD}$ 时,PMOS 晶体管截止,$i_{DP}=0$ 且 $i_{DN}=0$。NMOS 晶体管的栅-源间电压为 V_{DD},即 NMOS 晶体管偏置在图 2.23(a) 中标记为 A 的曲线上。由于曲线上 $i_{DN}=0$ 的点只对应 $v_{DSN}=v_O=0$,只要 PMOS 晶体管截止,即 $v_{GSP}=V_{DD}-v_I \leqslant |V_{TP}|$,输出电压就为零。这意味着输入电压的范围是 $V_{DD}-|V_{TP}| \leqslant v_I \leqslant V_{DD}$。

图 2.24 所示为 CMOS 反相器的电压传输特性。更高的输出电压对应逻辑 1,即 $V_{OH}=V_{DD}$,更低的输出电压对应逻辑 0,即 $V_{OL}=0$。当输出为逻辑 1 时,NMOS 晶体管截止;当输出为逻辑 0 时,PMOS 晶体管截止。

理想情况下,任何一种稳态下,CMOS 反相器中的电流为零,也就是说,理想情况下的静态功耗为零。这是 CMOS 数字电路最突出的优点。而实际上,由于反向偏置的 PN 结,

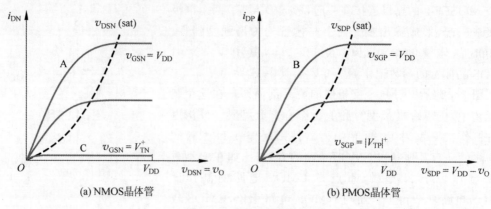

(a) NMOS晶体管 (b) PMOS晶体管

图 2.23 电流-电压特性

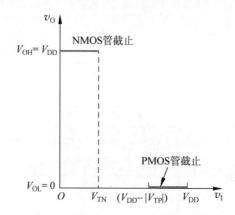

图 2.24 输入为高电平或低电平时,CMOS 反相器的输出电压

CMOS 反相器在两个稳态下都存在一个小的漏电流。尽管如此,功耗可能为纳瓦级,而不是 NMOS 电路中的毫瓦级。如果没有这一特点,将不可能制作 VLSI(超大规模集成电路)。

当输入电压刚好大于 V_{TN} 时,即

$$v_I = v_{GSN} = V_{TN}^+$$

NMOS 晶体管开始导通,Q 点落在图 2.23(a)中标记为 C 的曲线上。电流很小且 $v_{DSN} \approx V_{DD}$,意味着 NMOS 晶体管偏置在饱和区。PMOS 晶体管的源-漏间电压很小,因此 PMOS 晶体管偏置在非饱和区。令 $i_{DN} = i_{DP}$,可以写出

$$K_n[v_{GSN} - V_{TN}]^2 = K_p[2(v_{SGP} + V_{TP})v_{SDP} - v_{SDP}^2] \tag{2.34}$$

分别将每个晶体管的栅-源和漏-源间电压与反相器的输入和输出电压联系起来,可将式(2.34)改写为

$$K_n[v_I - V_{TN}]^2 = K_p[2(V_{DD} - v_I + V_{TP})(V_{DD} - v_O) - (V_{DD} - v_O)^2] \tag{2.35}$$

只要 NMOS 晶体管偏置在饱和区,PMOS 晶体管偏置在非饱和区,输入电压和输出电压的关系由式(2.35)给出。

PMOS 晶体管的转移点定义为

$$v_{SDP}(\text{sat}) = v_{SGP} + V_{TP} \tag{2.36}$$

利用图 2.25,式(2.36)可以写为

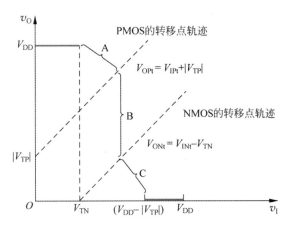

图 2.25 CMOS 传输特性区域,标出 NMOS 和 PMOS 晶体管的偏置状态。NMOS 晶体管在 A、B 区域偏置在饱和区,在 C 区域偏置在非饱和区;PMOS 晶体管在 B、C 区域偏置在饱和区,在 A 区域偏置在非饱和区

$$V_{DD} - V_{OPt} = V_{DD} - V_{IPt} + V_{TP} \tag{2.37a}$$

即

$$V_{OPt} = V_{IPt} - V_{TP} \tag{2.37b}$$

其中 V_{Opt} 和 V_{IPt} 分别表示 PMOS 晶体管在转移点的输出电压和输入电压。

NMOS 晶体管的转移点由下式定义

$$v_{DSN}(\text{sat}) = v_{GSN} - V_{TN} \tag{2.38a}$$

即

$$V_{ONt} = V_{INt} - V_{TN} \tag{2.38b}$$

其中,V_{ONt} 和 V_{INt} 分别表示 NMOS 晶体管在转移点的输出电压和输入电压。

基于增强型 PMOS 晶体管的偏置电压 V_{TP} 为负,在图 2.25 中画出式(2.37b)和式(2.38b)表示的曲线。当两个晶体管都偏置在饱和区时,令两个漏极电流相等,确定转移点的输入电压,结果为

$$K_n(v_{GSN} - V_{TN})^2 = K_p(v_{SGP} + V_{TP})^2 \tag{2.39}$$

利用栅-源间电压和输入电压的关系,式(2.39)可以写为

$$K_n(v_I - V_{TN})^2 = K_p(V_{DD} - v_I + V_{TP})^2 \tag{2.40}$$

在理想情况下,只要两个晶体管都偏置在饱和区,式(2.40)中不包含输出电压,且输入电压为常数。

式(2.40)中的电压 v_I 是 PMOS 和 NMOS 晶体管在转移点的输入电压,求解 v_I 可得

$$v_I = v_{It} = \frac{V_{DD} + V_{TP} + \sqrt{\dfrac{K_n}{K_p}} V_{TN}}{1 + \sqrt{\dfrac{K_n}{K_p}}} \tag{2.41}$$

当 $v_I > V_{It}$ 时,NMOS 晶体管偏置在非饱和区,PMOS 晶体管偏置在饱和区。再次令两个漏极电流相等,可得

$$K_n[2(v_{GSN} - V_{TN})v_{DSN} - v_{DSN}^2] = K_p(v_{SGP} + V_{TP})^2 \tag{2.42}$$

同样，分别利用栅-源和漏-源间电压与输入电压和输出电压之间的关系，式(2.42)可以改写为

$$K_n[2(v_I - V_{TN})v_O - v_O^2] = K_p(V_{DD} - v_I + V_{TP})^2 \qquad (2.43)$$

只要 NMOS 晶体管偏置在饱和区且 PMOS 晶体管偏置在非饱和区，输入电压和输出电压之间的关系由式(2.43)给出。图 2.26 给出完整的电压传输曲线。

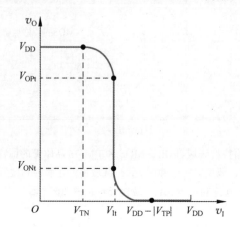

图 2.26 CMOS 反相器的完整电压传输特性

例题 2.7 求解 CMOS 反相器电压传输特性曲线上的临界电压。某 CMOS 反相器偏置在 $V_{DD}=5V$，晶体管参数为 $K_n=K_p$，$V_{TN}=-V_{TP}=0.8V$。另一个 CMOS 反相器偏置在 $V_{DD}=3V$，晶体管参数为 $K_n=K_p$，$V_{TN}=-V_{TP}=0.6V$。

解 ($V_{DD}=5V$)：根据式(2.41)，转移点的输入电压为

$$V_{It} = \frac{5 + (-0.8) + \sqrt{1}(0.8)}{1 + \sqrt{1}} = 2.5V$$

根据式(2.37b)，PMOS 转移点的输出电压为

$$V_{OPt} = V_{It} - V_{TP} = 2.5 - (-0.8) = 3.2V$$

根据式(2.38b)，NMOS 转移点的输出电压为

$$V_{ONt} = V_{It} - V_{TN} = 2.5 - 0.8 = 1.7V$$

解 ($V_{DD}=3V$)：临界电压为

$$V_{It} = 1.5V \quad V_{OPt} = 2.1V \quad V_{ONt} = 0.9V$$

点评：两个电压传输特性曲线如图 2.27 所示。这些曲线表明 CMOS 电路的另一个优点，即 CMOS 电路偏置在相对较大的电压范围内。

练习题 2.7 图 2.21 中的 CMOS 反相器偏置在 $V_{DD}=2.1V$，晶体管的开启电压为 $V_{TN}=-V_{TP}=0.4V$。画出以下情况的电压传输特性曲线，并标出如图 2.26 所示的临界电压。①$K_n/K_p=1$；②$K_n/K_p=0.5$；③$K_n/K_p=2$。

答案：①$V_{It}=1.05V$，$V_{OPt}=1.45V$，$V_{ONt}=0.65V$；②$V_{It}=1.16V$，$V_{OPt}=1.56V$，$V_{ONt}=0.76V$；③$V_{It}=0.938V$，$V_{OPt}=1.338V$，$V_{ONt}=0.538V$。

2. 晶体管尺寸

可以注意到，图 2.27 所示的两个电压传输曲线都关于转折点 $V_{DD}/2$ 对称。这是因为 NMOS 和 PMOS 晶体管匹配，即 $K_n=K_p$，$V_{TN}=|V_{TP}|$。一般来说，工艺传导参数 k_n' 和 k_p' 不同，因此，为了使两个晶体管匹配，必须调整宽长比。为了使 $K_n=K_p$，则需 $k_n'(W/L)_n = $

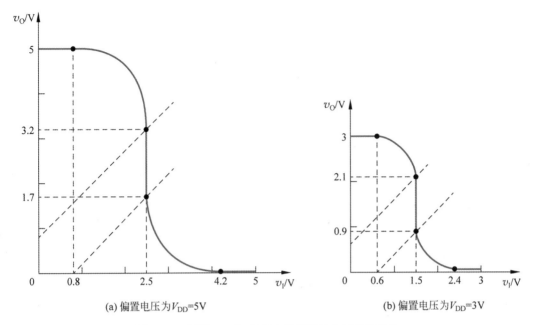

(a) 偏置电压为 $V_{DD}=5V$　　(b) 偏置电压为 $V_{DD}=3V$

图 2.27　例题 2.7 中 CMOS 反相器的电压传输特性

$k'_p(W/L)_p$。通常，$k'_p < k'_n$，所以须有 $(W/L)_p > (W/L)_n$。为了使两种器件电气等价，PMOS 晶体管必须比 NMOS 晶体管大。

3. CMOS 反相器的电流

当 CMOS 反相器的输入电压为逻辑 0 或逻辑 1 时，由于其中的一个晶体管截止，电路中的电流为零。当输入电压位于 $V_{TN} < v_I < V_{DD} - |V_{TP}|$ 的范围时，两个晶体管均导通，反相器中存在电流。

当 NMOS 晶体管偏置在饱和区时，反相器中的电流受 v_{GSN} 的控制，PMOS 晶体管调节其栅-源间电压，使得 $i_{DP} = i_{DN}$。式(2.34)中给出这个条件，可以写出

$$i_{DN} = i_{DP} = K_n(v_{GSN} - V_{TN})^2 = K_n(v_I - V_{TN})^2 \quad (2.44a)$$

两边取平方根，可得

$$\sqrt{i_{DN}} = \sqrt{i_{DP}} = \sqrt{K_n}(v_I - V_{TN}) \quad (2.44b)$$

只要 NMOS 晶体管偏置在饱和区，CMOS 反相器电流的平方根为输入电压的线性函数。

当 PMOS 晶体管偏置在饱和区时，反相器中的电流受 v_{SGP} 的控制，NMOS 晶体管调节其漏-源间电压，使得 $i_{DP} = i_{DN}$。式(2.42)给出这个条件。利用式(2.43)，可以写出

$$i_{DN} = i_{DP} = K_p(V_{DD} - v_I + V_{TP})^2 \quad (2.45a)$$

两边取平方根，可得

$$\sqrt{i_{DN}} = \sqrt{i_{DP}} = \sqrt{K_p}(V_{DD} - v_I + V_{TP}) \quad (2.45b)$$

只要 PMOS 晶体管工作在饱和区，CMOS 反相器电流的平方根也是输入电压的线性函数。

图 2.28 给出两种偏置电压 V_{DD} 下 CMOS 反相器电流平方根的曲线。这些曲线为准静态特性，因为容性负载中并没有电流流过。在反相器的转移点，两个晶体管均偏置在饱和区，它们都影响电流的大小。在转移点，实际的电流特性并不会出现斜率不连续的点。沟道长度调制系数 λ 也会影响峰值处的电流特性，而图 2.28 所示的曲线是非常好的近似。

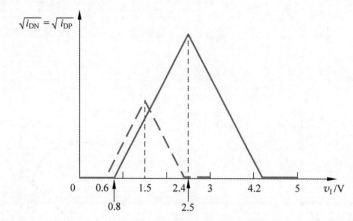

图 2.28 例题 2.7 中 CMOS 反相器的电流平方根随输入电压变化的曲线

2.3.3 功耗

在静态或稳态时,输入为逻辑 0 或逻辑 1,CMOS 反相器的功耗基本上为零。而在一种状态转换到另一种状态的开关周期,存在电流,会有功率消耗。CMOS 反相器和逻辑电路用于驱动其他的 MOS 器件,这些器件的输入阻抗为电容。于是在开关周期内,这个负载电容将经历充电和放电的过程。

在图 2.29(a)中,输出由低电平变为高电平。当输入切换为低电平时,PMOS 的栅极电压为 0V,NMOS 截止,负载电容 C_L 通过 PMOS 充电。PMOS 晶体管中的功耗由下式给出

$$P_P = i_L v_{SD} = i_L (V_{DD} - v_O) \tag{2.46}$$

电流和输出电压的关系为

$$i_L = C_L \frac{dv_O}{dt} \tag{2.47}$$

当输出由低电平变为高电平时,PMOS 晶体管上消耗的能量为

$$E_P = \int_0^\infty P_P dt = \int_0^\infty C_L (V_{DD} - v_O) \frac{dv_O}{dt} dt$$
$$= C_L V_{DD} \int_0^{V_{DD}} dv_O - C_L \int_0^{V_{DD}} v_O dv_O \tag{2.48}$$

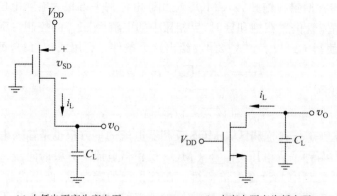

(a) 由低电平变为高电平   (b) 由高电平变为低电平

图 2.29 CMOS 反相器,输出状态

可得

$$E_P = C_L V_{DD} v_O \Big|_0^{V_{DD}} - C_L \frac{v_O^2}{2}\Big|_0^{V_{DD}} = \frac{1}{2} C_L V_{DD}^2 \tag{2.49}$$

当输出变为高电平后，负载电容中储存的能量为 $\frac{1}{2} C_L V_{DD}^2$。当反相器的输入变为高电平时，

输出转变为低电平，如图 2.29(b)所示。PMOS 晶体管截止，NMOS 晶体管导通，负载电容通过 NMOS 晶体管放电。负载电容上储存的能量全部消耗在 NMOS 晶体管上。当输出由高变为低时，NMOS 晶体管中消耗的能量为

$$E_N = \frac{1}{2} C_L V_{DD}^2 \tag{2.50}$$

因此，在一个开关周期内，反相器消耗的总能量为

$$E_T = E_P + E_N = \frac{1}{2} C_L V_{DD}^2 + \frac{1}{2} C_L V_{DD}^2 = C_L V_{DD}^2 \tag{2.51}$$

如果反相器的开关频率为 f，反相器的功耗为

$$P = f E_T = f C_L V_{DD}^2 \tag{2.52}$$

式(2.52)表明，CMOS 反相器的功耗与开关频率和 V_{DD}^2 成正比。数字 IC 设计的趋势是低供电电压，例如 3V 或更低。

功耗与 V_{DD}^2 成正比。在一些数字电路中，例如数字手表，CMOS 逻辑电路偏置在 $V_{DD} = 1.5V$，功耗可以显著降低。

例题 2.8 计算 CMOS 反相器的功耗。CMOS 反相器的负载电容 $C_L = 2pF$，偏置电压 $V_{DD} = 5V$。反相器的开关频率 $f = 100kHz$。

解：根据式(2.52)，CMOS 反相器的功耗为

$$P = f C_L V_{DD}^2 = 10^5 \times (2 \times 10^{-12}) \times 5^2 \Rightarrow 5\mu W$$

点评：之前求得的 NMOS 反相器的功耗为 $500\mu W$ 量级，因此，CMOS 反相器的功耗显著降低。此外，在大多数数字系统中，在每一个时钟周期，只有小部分逻辑门的状态发生变化，因此，对于同等复杂度的数字系统，CMOS 数字系统的功耗要比 NMOS 系统小得多。

练习题 2.8 CMOS 反相器偏置在 $V_{DD} = 3V$，反相器驱动的有效负载电容为 $C_L = 0.5pF$。求解使最大功耗限制在 $P = 0.10\mu W$ 的最大开关频率。

答案：$f = 22.2kHz$。

2.3.4 噪声容限

"噪声"这个词是指电压或电流中瞬时的、非期望的变化量。在数字电路中，如果某个逻辑节点的噪声幅值太大，系统中将会引入逻辑错误。而如果噪声的幅值小于某个称为噪声容限的指定值时，当噪声信号通过一个逻辑门或逻辑电路时，会得到抑制，逻辑信号将会无错误地传输。

噪声信号通常产生于数字电路外部，通过寄生电容或电感传播到逻辑节点或内部的互联线。噪声的耦合过程通常与时间相关，对电路的影响是动态的。而在数字系统中，噪声容限通常以静态电压的形式定义。

对于静态噪声容限，通常考虑称为串联电压噪声的噪声类型。图 2.30 给出两个串联的

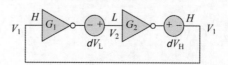

图 2.30 两个反相器组成的触发器,含有串联电压噪声

反相器,其中第二个反相器的输出连接至第一个反相器的输入。图中同时还包含串联噪声源 δV_L 和 δV_H。这种类型的噪声可由电感耦合产生。输入电平用 H(高)和 L(低)表示。噪声电压 δV_L 和 δV_H 的幅值可能不同,它的极性可能是使低电平输出电压增加或高电平输出电压下降。噪声容限定义为使反相器保持于正常状态的 δV_L 和 δV_H 的最大值。

噪声容限 NM_L 与 NM_H 的实际定义并不唯一。此外,系统中还可能存在除串联电压噪声以外的其他类型的噪声。动态噪声源也将使问题更加复杂。为了表示数字电路中噪声容限的大小,采用单位增益的方法确定逻辑阈值电平 V_{IL} 和 V_{IH} 以及相应的噪声容限。

图 2.31 给出一般反相器的电压传输特性曲线。期望的逻辑 1 和逻辑 0 输出电压分别为 V_{OH} 和 V_{OL}。确定噪声容限的参数 V_{IH} 和 V_{IL} 定义为满足以下条件的点

$$\frac{dv_O}{dv_I} = -1 \tag{2.53}$$

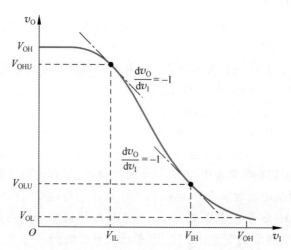

图 2.31 一般反相器的电压传输特性曲线,给出电压限制值 V_{IL} 和 V_{IH} 的定义

当 $V_I \leqslant V_{IL}$ 时,反相器的增益值小于 1,输出电压随输入电压的变化缓慢。同样地,当 $V_I \geqslant V_{IH}$ 时,由于反相器的增益小于 1,输出电压随输入电压的变化也很缓慢。而当输入电压的范围为 $V_{IL} < V_I < V_{IH}$ 时,增益大于 1,输出电压变化很快。这一区域称为未定义区域。如果由于噪声信号的影响,输入电压进入到这一区域,输出的逻辑状态可能会改变,系统中可能引入逻辑错误。单位增益点的输出电压分别记作 V_{OHU} 和 V_{OLU},其中最后一个下标 U 表示单位增益。

噪声容限定义为

$$NM_L = V_{IL} - V_{OLU} \tag{2.54a}$$

和

$$\mathrm{NM_H} = V_{\mathrm{OHU}} - V_{\mathrm{IH}} \tag{2.54b}$$

图 2.32 给出 CMOS 反相器的一般电压传输特性曲线（图数值来自后面的例题 2.9）。参数 V_{IH} 和 V_{IL} 确定了噪声容限，定义为满足以下条件的点

$$\frac{\mathrm{d}v_{\mathrm{O}}}{\mathrm{d}v_{\mathrm{I}}} = -1 \tag{2.55}$$

当 $V_{\mathrm{I}} \leqslant V_{\mathrm{IL}}$ 和 $V_{\mathrm{I}} \geqslant V_{\mathrm{IH}}$ 时，由于反相器的增益小于 1，输出电压随输入电压的变化缓慢。而当输入电压的范围在 $V_{\mathrm{IL}} < V_{\mathrm{I}} < V_{\mathrm{IH}}$ 时，增益值大于 1，输出电压变化很快。该范围为未定义区域。在 V_{IL} 点，NMOS 晶体管偏置在饱和区，PMOS 晶体管偏置在非饱和。式(2.35)给出输入电压和输出电压之间的关系，对 v_{I} 求导可得

$$2K_{\mathrm{n}}[v_{\mathrm{I}} - V_{\mathrm{TN}}] = K_{\mathrm{p}}\left[-2(V_{\mathrm{DD}} - v_{\mathrm{O}}) - 2(V_{\mathrm{DD}} - v_{\mathrm{I}} + V_{\mathrm{TP}})\frac{\mathrm{d}v_{\mathrm{O}}}{\mathrm{d}v_{\mathrm{I}}} - 2(V_{\mathrm{DD}} - V_{\mathrm{O}})\left(-\frac{\mathrm{d}v_{\mathrm{O}}}{\mathrm{d}v_{\mathrm{I}}}\right)\right] \tag{2.56}$$

令导数等于 -1，可得

$$K_{\mathrm{n}}[v_{\mathrm{I}} - V_{\mathrm{TN}}] = -K_{\mathrm{p}}[(V_{\mathrm{DD}} - v_{\mathrm{O}}) - (V_{\mathrm{DD}} - v_{\mathrm{I}} + V_{\mathrm{TP}}) + (V_{\mathrm{DD}} - v_{\mathrm{O}})] \tag{2.57}$$

求得 v_{O} 为

$$v_{\mathrm{O}} = v_{\mathrm{OHU}} = \frac{1}{2}\left\{\left(1 + \frac{K_{\mathrm{n}}}{K_{\mathrm{p}}}\right)v_{\mathrm{I}} + V_{\mathrm{DD}} - \frac{K_{\mathrm{n}}}{K_{\mathrm{p}}}V_{\mathrm{TN}} - V_{\mathrm{TP}}\right\} \tag{2.58}$$

联合求解式(2.58)和式(2.35)，可得 V_{IL} 为

$$v_{\mathrm{I}} = V_{\mathrm{IL}} = V_{\mathrm{TN}} + \frac{(V_{\mathrm{DD}} + V_{\mathrm{TP}} - V_{\mathrm{TN}})}{\left(\dfrac{K_{\mathrm{n}}}{K_{\mathrm{p}}} - 1\right)}\left[2\sqrt{\dfrac{\dfrac{K_{\mathrm{n}}}{K_{\mathrm{p}}}}{\dfrac{K_{\mathrm{n}}}{K_{\mathrm{p}}} + 3}} - 1\right] \tag{2.59}$$

若 $K_{\mathrm{n}} = K_{\mathrm{p}}$，式(2.59)为无穷大，因为分母和分子上都出现了零。而当 $K_{\mathrm{n}} = K_{\mathrm{p}}$ 时，式(2.58)变为

$$v_{\mathrm{O}} = v_{\mathrm{OHU}(K_{\mathrm{n}} = K_{\mathrm{p}})} = \frac{1}{2}\{2v_{\mathrm{I}} + V_{\mathrm{DD}} - V_{\mathrm{TN}} - V_{\mathrm{TP}}\} \tag{2.60}$$

将式(2.60)代入式(2.35)可得，当 $K_{\mathrm{n}} = K_{\mathrm{p}}$ 时的电压 V_{IL} 为

$$v_{\mathrm{I}} = V_{\mathrm{IL}(K_{\mathrm{n}} = K_{\mathrm{p}})} = V_{\mathrm{TN}} + \frac{3}{8}(V_{\mathrm{DD}} + V_{\mathrm{TP}} - V_{\mathrm{TN}}) \tag{2.61}$$

在 V_{IH} 点，NMOS 晶体管偏置在非饱和区，PMOS 晶体管偏置在饱和区。式(2.43)给出输入电压和输出电压之间的关系。对 v_{I} 求导可得

$$K_{\mathrm{n}}\left[2(v_{\mathrm{I}} - V_{\mathrm{TN}})\frac{\mathrm{d}v_{\mathrm{O}}}{\mathrm{d}v_{\mathrm{I}}} + 2v_{\mathrm{O}} - 2v_{\mathrm{O}}\frac{\mathrm{d}v_{\mathrm{O}}}{\mathrm{d}v_{\mathrm{I}}}\right] = 2K_{\mathrm{p}}(V_{\mathrm{DD}} - v_{\mathrm{I}} + V_{\mathrm{TP}})(-1) \tag{2.62}$$

令导数等于 -1，可得

$$K_{\mathrm{n}}[-(v_{\mathrm{I}} - V_{\mathrm{TN}}) + v_{\mathrm{O}} + v_{\mathrm{O}}] = -K_{\mathrm{p}}[V_{\mathrm{DD}} - v_{\mathrm{I}} + V_{\mathrm{TP}}] \tag{2.63}$$

求得 v_{O} 为

$$v_{\mathrm{O}} = V_{\mathrm{OLU}} = \frac{v_{\mathrm{I}}\left(1 + \dfrac{K_{\mathrm{n}}}{K_{\mathrm{p}}}\right) - V_{\mathrm{DD}} - \left(\dfrac{K_{\mathrm{n}}}{K_{\mathrm{p}}}\right)V_{\mathrm{TN}} - V_{\mathrm{TP}}}{2\left(\dfrac{K_{\mathrm{n}}}{K_{\mathrm{p}}}\right)} \tag{2.64}$$

联合求解式(2.64)和式(2.43),可得 V_{IH} 为

$$v_I = V_{IH} = V_{TN} + \frac{(V_{DD}+V_{TP}-V_{TN})}{\left(\dfrac{K_n}{K_p}-1\right)}\left[\frac{2\dfrac{K_n}{K_p}}{\sqrt{3\dfrac{K_n}{K_p}+1}}-1\right] \quad (2.65)$$

同样,当 $K_n = K_p$ 时,式(2.65)为无穷大,因为分母和分子上都出现了零。而当 $K_n = K_p$ 时,式(2.64)变为

$$v_O = V_{OLU(K_n=K_p)} = \frac{1}{2}\{2v_I - V_{DD} - V_{TN} - V_{TP}\} \quad (2.66)$$

将式(2.66)代入式(2.43)可得,当 $K_n = K_p$ 时的电压 V_{IH} 为

$$v_I = V_{IH(K_n=K_p)} = V_{TN} + \frac{5}{8}(V_{DD}+V_{TP}-V_{TN}) \quad (2.67)$$

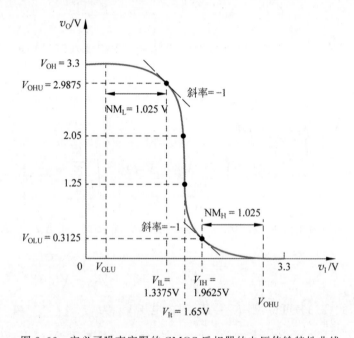

图 2.32 定义了噪声容限的 CMOS 反相器的电压传输特性曲线

例题 2.9 求解 CMOS 反相器的噪声容限。CMOS 反相器偏置在 $V_{DD}=3.3\text{V}$,假设晶体管匹配,且有 $K_n=K_p$ 和 $V_{TN}=-V_{TP}=0.4\text{V}$。

解:根据式(2.41),转移点的输入电压,即反相器的转移点为 1.65V。由于 $K_n=K_p$,根据式(2.61),

$$V_{IL} = V_{TN} + \frac{3}{8}(V_{DD}+V_{TP}-V_{TN}) = 0.4 + \frac{3}{8}(3.3-0.4-0.4) = 1.3375\text{V}$$

根据式(2.67),V_{IH} 为

$$V_{IH} = V_{TN} + \frac{5}{8}(V_{DD}+V_{TP}-V_{TN}) = 0.4 + \frac{5}{8}(3.3-0.4-0.4) = 1.9625\text{V}$$

根据式(2.60)和式(2.66),V_{IL} 和 V_{IH} 点的输出电压分别为

$$V_{\text{OHU}} = \frac{1}{2}[2V_{\text{IL}} + V_{\text{DD}} - V_{\text{TN}} - V_{\text{TP}}]$$

$$= \frac{1}{2}(2 \times 1.3375 + 3.3 - 0.4 + 0.4) = 2.9875\text{V}$$

和

$$V_{\text{OLU}} = \frac{1}{2}[2V_{\text{IH}} - V_{\text{DD}} - V_{\text{TN}} - V_{\text{TP}}]$$

$$= \frac{1}{2}(2 \times 1.9625 - 3.3 - 0.4 + 0.4) = 0.3125\text{V}$$

因此，噪声容限为

$$\text{NM}_\text{L} = V_{\text{IL}} - V_{\text{OLU}} = 1.3375 - 0.3125 = 1.025\text{V}$$

和

$$\text{NM}_\text{H} = V_{\text{OHU}} - V_{\text{IH}} = 2.9875 - 1.9625 = 1.025\text{V}$$

点评：例题的结果如图2.32所示。由于两个晶体管的电气特性相同，电压传输特性曲线和临界电压对称。同时，$(V_{\text{OH}} - V_{\text{OHU}}) = 0.3125\text{V}$，低于$|V_{\text{TP}}|$；$(V_{\text{OLU}} - V_{\text{OL}}) = 0.3125\text{V}$，低于$V_{\text{TN}}$。只要输入电压在噪声容限范围内，就不会在数字系统中引入逻辑错误。

练习题 2.9 CMOS反相器偏置在$V_{\text{DD}} = 1.8\text{V}$。晶体管参数为$V_{\text{TN}} = 0.4\text{V}$，$V_{\text{TP}} = -0.4\text{V}$，$K_\text{n} = 200\mu\text{A}/\text{V}^2$，$K_\text{p} = 80\mu\text{A}/\text{V}^2$。①求解转移点。②求解临界电压$V_{\text{IL}}$和$V_{\text{IH}}$，以及相应的输出电压。③计算噪声容限$\text{NM}_\text{L}$和$\text{NM}_\text{H}$。

答案：①$V_{\text{It}} = 0.7874\text{V}$，$V_{\text{OPt}} = 1.187\text{V}$，$V_{\text{ONt}} = 0.3874\text{V}$；②$V_{\text{IL}} = 0.6323\text{V}$，$V_{\text{IH}} = 0.8767\text{V}$，$V_{\text{OHU}} = 1.7065\text{V}$，$V_{\text{OLU}} = 0.1337\text{V}$；③$\text{NM}_\text{L} = 0.4986\text{V}$，$\text{NM}_\text{H} = 0.8298\text{V}$。

理解测试题 2.7 CMOS反相器偏置在$V_{\text{DD}} = 5\text{V}$，晶体管的开启电压为$V_{\text{TN}} = +0.8\text{V}$，$V_{\text{TP}} = -0.8\text{V}$。计算反相器的峰值电流：①$K_\text{n} = K_\text{p} = 50\mu\text{A}/\text{V}^2$；②$K_\text{n} = K_\text{p} = 200\mu\text{A}/\text{V}^2$。

答案：①$i_\text{D}(\max) = 145\mu\text{A}$；②$i_\text{D}(\max) = 578\mu\text{A}$。

理解测试题 2.8 CMOS反相器偏置在$V_{\text{DD}} = 5\text{V}$，晶体管参数为$V_{\text{TN}} = 0.8\text{V}$，$V_{\text{TP}} = -2\text{V}$，$K_\text{n} = K_\text{p} = 100\mu\text{A}/\text{V}^2$，重复练习题2.9。

答案：①$V_{\text{It}} = 1.9\text{V}$，$V_{\text{OPt}} = 3.9\text{V}$，$V_{\text{ONt}} = 1.1\text{V}$；②$V_{\text{IL}} = 1.625\text{V}$，$V_{\text{IH}} = 2.175\text{V}$，$V_{\text{OLU}} = 0.275\text{V}$，$V_{\text{OHU}} = 4.725\text{V}$；③$\text{NM}_\text{L} = 1.35\text{V}$，$\text{NM}_\text{H} = 2.55\text{V}$。

2.4 CMOS逻辑电路

目标：分析和设计CMOS逻辑门电路。

大规模CMOS集成电路在数字系统中的应用十分广泛，例如手表、计算器以及微处理器等。下面将介绍基本的CMOS或非门和与非门，随后分析更复杂的CMOS逻辑电路。由于这些逻辑电路中没有时钟信号，所以称为静态CMOS逻辑电路。

2.4.1 基本CMOS或非门和与非门

在基本或经典的CMOS逻辑电路中，将一个PMOS和NMOS晶体管的栅极连在一起,而将其他的 PMOS 和 NMOS 晶体管串联或并联以构成特定的逻辑电路。图 2.33(a)给出一个 2 输入 CMOS 或非门,两个 NMOS 晶体管并联,而两个 PMOS 晶体管串联。

当 $A=B=$ 逻辑 0 时,M_{NA} 和 M_{NB} 都截止,电路中的电流为零。M_{PA} 的源-栅间电压为 V_{DD},而电流为零,因此,M_{PA} 的 v_{SD} 为零,这意味着 M_{PB} 的源-栅间电压也为 V_{DD}。而由于电流为零,M_{PB} 的 v_{SD} 也为零,所以输出电压为 $v_O=V_{DD}=$ 逻辑 1。

当输入信号为 $A=$ 逻辑 $1=V_{DD}$ 且 $B=$ 逻辑 $0=0V$ 时,M_{PA} 的源-栅间电压为零,电路中的电流也为零。M_{NA} 的源-栅间电压为 V_{DD},但是电流为零,所以 M_{NA} 的 v_{DS} 为零,输出 $v_O=0=$ 逻辑 0。对于其他两种输入组合,由于至少有一个 PMOS 晶体管截止,至少有一个 NMOS 晶体管导通,所以仍然保持上述结果。图 2.33(b)中的真值表给出或非逻辑函数。

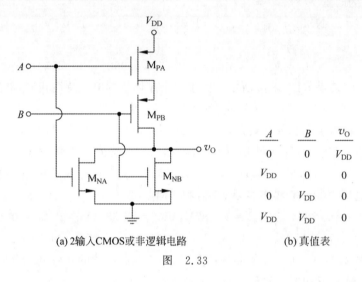

(a) 2 输入 CMOS 或非逻辑电路　　　　(b) 真值表

图　2.33

图 2.34(a)所示为 2 输入 CMOS 与非逻辑门。此时,两个 NMOS 晶体管串联,而两个 PMOS 晶体管并联。当 $A=B=$ 逻辑 0 时,两个 NMOS 晶体管截止,电路中的电流为零。每个 PMOS 晶体管的源-栅间电压为 V_{DD},这意味着两个 PMOS 晶体管均导通。而由于电流为零,M_{PA} 和 M_{PB} 的 v_{SD} 均为零,$v_O=V_{DD}$。当至少有一个输入为逻辑 0 时,此结果成立。

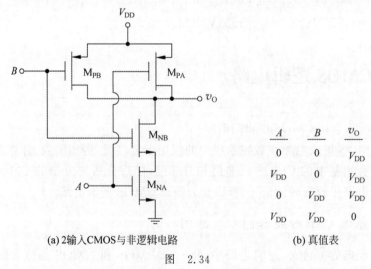

(a) 2 输入 CMOS 与非逻辑电路　　　　(b) 真值表

图　2.34

当输入信号为 $A=B=$ 逻辑 $1=V_{DD}$ 时,两个 PMOS 晶体管均截止,电路中的电流为零。由于 $A=$ 逻辑 1,M_{NA} 导通。而由于电流为零,M_{NA} 的 v_{DS} 为零,这意味着 M_{NB} 的栅-源间电压也为 V_{DD},M_{NB} 导通。而由于电流为零,M_{NB} 的 v_{DS} 为零,$v_O=$ 逻辑 $0=0V$。图 2.34(b) 中的真值表给出与非逻辑函数。

在 CMOS 或非和与非逻辑门中,当输入为任一静态时,电路中的电流都几乎为零。只存在很小的反向偏置 PN 结电流。因此,静态功耗几乎为零,这是 CMOS 电路的主要优点。

2.4.2 晶体管尺寸

1. CMOS 反相器

2.3.2 节简要讨论了 CMOS 反相器中晶体管的尺寸与对称电压传输特性曲线的关系。晶体管尺寸的大小还会影响其他参数,比如开关速度、功耗、区域以及噪声容限。

由于 CMOS 反相器的静态待机功率很小,可基于开关速度设计晶体管尺寸。假设下拉模式的转换时间和上拉模式的转换时间相等。图 2.35(a) 给出下拉模式下 CMOS 反相器的等效电路,此时 PMOS 晶体管截止,负载电容通过 NMOS 晶体管放电,因此,开关时间为 NMOS 晶体管电流大小的函数。图 2.35(b) 为上拉模式下 CMOS 反相器的等效电路,此时 NMOS 晶体管截止,负载电容通过 PMOS 晶体管充电,所以开关时间是 PMOS 晶体管电流大小的函数。

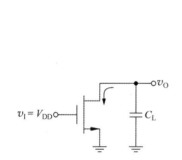
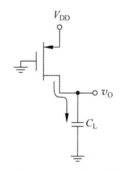

(a) 下拉模式下CMOS反相器的等效电路　　(b) 上拉模式下CMOS反相器的等效电路

图 2.35

假设 $V_{TN}=|V_{TP}|$,令开关时间相等,意味着 NMOS 和 PMOS 晶体管的传导参数相等,即

$$\frac{k'_n}{2}\left(\frac{W}{L}\right)_n = \frac{k'_p}{2}\left(\frac{W}{L}\right)_p \tag{2.68}$$

假设 $\mu_n \approx 2\mu_p$,则有

$$\frac{(W/L)_p}{(W/L)_n} = \frac{k'_n}{k'_p} = \frac{\mu_n}{\mu_p} \approx 2 \tag{2.69}$$

为了获得相同的开关时间,PMOS 晶体管宽长比必须约为 NMOS 晶体管宽长比的两倍。

在现有工艺中,NMOS 和 PMOS 晶体管的沟道长度相等。为了使开关时间相等,需要改变它们的宽度。可以写出 $W_n=W$ 和 $W_p=2W$,其中 W_n 和 W_p 分别为 NMOS 和 PMOS 晶体管的宽度,W 为标准宽度。

2. CMOS 逻辑门

现在可以讨论基本 CMOS 与非门和或非门中晶体管的尺寸大小。将再次假设上拉模式和下拉模式的开关时间相等,并且在带负载电容 C_L 时,仍希望开关时间相等。与 CMOS 反相器相同,PMOS 和 NMOS 晶体管的尺寸比值为 2∶1。

观察图 2.33 所示的 2 输入 CMOS 或非门,假设输出端连接负载电容 C_L。在下拉模式的最坏情况,仅有一个 NMOS 晶体管导通,为了获得与 CMOS 反相器相同的开关时间,NMOS 晶体管的沟道宽度应为 $W_n = W$。如果两个 NMOS 晶体管都导通,则等效的沟道宽度加倍(见图 2.14(a)),开关时间将会更短。

在上拉模式中,两个 PMOS 晶体管必定都导通。由于 PMOS 晶体管串联,等效的沟道长度加倍(见图 2.14(b))。因此,为了保持相同的等效宽长比,沟道宽度必须加倍,即 $W_p = 2(2W) = 4W$。接下来分析图 2.34 所示的 CMOS 与非逻辑门。再次假设输出端连接负载电容 C_L。在上拉模式的最坏情况,仅有一个 PMOS 晶体管导通,这与 CMOS 反相器等价,所以沟道宽度应为 $W_p = 2W$。如果两个 PMOS 晶体管都导通,则等效沟道宽度加倍,开关时间更短。

在下拉模式中,两个 NMOS 晶体管必须都导通,同样,由于两个 NMOS 晶体管串联,等效沟道长度加倍。因此,为了保持相同的宽长比,沟道宽度应该加倍,即 $W_n = 2(W) = 2W$。

CMOS 反相器、CMOS 或非门和与非门的晶体管尺寸的分析结果如图 2.36 所示。

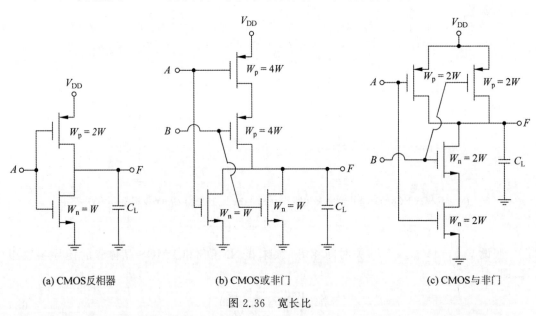

(a) CMOS反相器　　(b) CMOS或非门　　(c) CMOS与非门

图 2.36　宽长比

例题 2.10　求解 3 输入 CMOS 与非逻辑门中晶体管的宽长比。要求开关时间对称,且与基本 CMOS 反相器的开关时间一致。

解:3 输入 CMOS 与非门中,3 个 P 沟道晶体管并联。上拉模式中最坏情况是只有一个 PMOS 晶体管导通,这与基本 CMOS 反相器一样,所以等效沟道宽度应为 $W_p = 2W$。

3 输入 CMOS 与非门中,3 个 N 沟道晶体管串联,在下拉模式中,3 个 NMOS 晶体管都必须导通,等效的沟道长度变为 3 倍。因此,为了使 NMOS 晶体管的等效沟道宽度保持为 W,必须有 $W_n = 3W$。结果如图 2.37 所示。

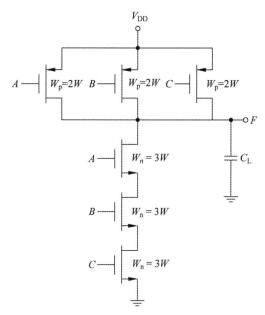

图 2.37 3 输入 CMOS 与非逻辑门中晶体管的宽长比

点评：随着基本 CMOS 逻辑门输入端数目的增加，晶体管的尺寸必须增加。晶体管面积的增加意味着等效输入电容增加，结果导致级联逻辑门的开关时间增加。

练习题 2.10 求解 3 输入 CMOS 或非逻辑门的晶体管尺寸，要求开关时间对称，且与基本 CMOS 反相器的开关时间一致。

答案：$W_p = 6W$，$W_n = W$。

2.4.3 复杂 CMOS 逻辑电路

如同 NMOS 逻辑设计，在 CMOS 中可以构建复杂的逻辑门，以避免将大量或非门、与非门和反相器连接来实现逻辑函数。可以利用正规方法实现逻辑电路，然而，也可以利用或非门和与非门分析和设计中获得的知识来实现。

例题 2.11

(1) **目标**：设计一个 CMOS 逻辑电路，实现特定的逻辑函数。在 CMOS 设计中，实现逻辑函数 $Y = AB + C(D+E)$，可提供信号 A、B、C、D 和 E。

(2) **设计方法**：一般的 CMOS 设计如图 2.38 所示，其中输入同时作用到 PMOS 和 NMOS 网络。可以先从电路的 NMOS 部分开始设计。为了实现一个基本的或(或非)函数，N 沟道晶体管并联(图 2.33)；为了实现基本的与(与非)函数，N 沟道晶体管串联(图 2.34)。在设计的最后，将考虑所产生的是函数本身，还是它的反函数。

解(**NMOS 设计**)：从总体逻辑函数上看，AB 和 $C(D+E)$ 是或的关系，所以实现函数 AB 的 NMOS 器件应与实现 $C(D+E)$ 函数的 NMOS 器件并联。输入

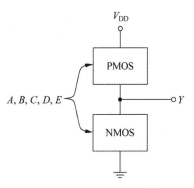

图 2.38 一般的 CMOS 设计

信号 A 和 B 之间是与的关系,所以这些输入的 NMOS 器件应当串联。最后,输入信号 D 和 E 的 NMOS 器件应当并联,之后与输入信号 C 的 NMOS 器件串联。函数的 NMOS 实现如图 2.39 所示。

解(PMOS 设计):PMOS 晶体管的排列与 NMOS 晶体管互补。实现基本或函数的 PMOS 晶体管串联;而实现基本与函数的 PMOS 晶体管并联。于是可以看到,实现函数 AB 的 PMOS 晶体管与实现函数 $C(D+E)$ 的 PMOS 晶体管串联。输入信号 A 和 B 的 PMOS 晶体管并联;输入信号 D 和 E 的 PMOS 晶体管串联,之后与输入信号 C 的 PMOS 晶体管并联。完整电路如图 2.40 所示。

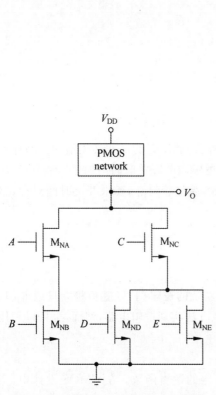 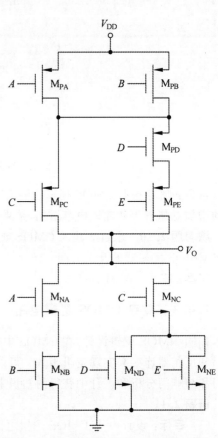

图 2.39　例题 2.11 中的 NMOS 设计　　　　图 2.40　例题 2.11 中的完整 CMOS 设计

最终解:观察各输入信号,可以注意到,图 2.40 所示的输出信号实际上是所需信号的反函数。于是,只需要在输出信号之后加一个 CMOS 反相器,以获得所需的函数。

点评:如前所述,设计电路有正式的方法。然而,在很多情况下,可以利用之前所获得的知识和直觉来进行设计。各晶体管的沟道宽长比可以仿照前面的例子来确定。

练习题 2.11　设计图 2.40 所示静态 CMOS 逻辑电路的晶体管宽长比。要求开关时间对称,且与基本 CMOS 反相器的开关时间相同。

答案:对于所有的 NMOS 晶体管,$W_n=2W$;$W_p(M_{PA})=W_p(M_{PB})=W_p(M_{PC})=4W$;$W_p(M_{PD})=W_p(M_{PE})=8W$。

CMOS 逻辑门的另一个例子是异或门,其逻辑函数可以表示为

$$F_{\text{XOR}} = \overline{A}B + A\overline{B} \tag{2.70}$$

前面注意到CMOS门电路的输出实际上是输入信号的反,因此将上式写为

$$\overline{F}_{\text{XOR}} = F_{\text{XNOR}} = \overline{A}\,\overline{B} + AB \tag{2.71}$$

假设可提供输入信号 A、B、$\overline{A}$ 和 $\overline{B}$,图2.41给出这个逻辑函数的一个CMOS静态实现。

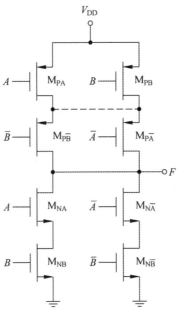

图2.41 一个CMOS静态异或逻辑门

可以注意到,$\overline{A}\,\overline{B}$ 和 AB 分别意味着两个NMOS晶体管串联以及两个PMOS晶体管并联。或函数意味着NMOS晶体管并联以及PMOS晶体管串联,图2.4.1中给出这种设计。观察异或函数的真值表,可以注意到,图2.41所示电路的输出确实为异或函数。在CMOS逻辑门电路的设计中,实际上应该设计所需函数的反函数。

在设计的PMOS部分,需要在 M_{PA} 和 M_{PB} 的漏极之间进行电气连接,图中用虚线表示,但实际上并不需要此连接。上拉的情况只有 $A=\overline{B}=0$ 和 $\overline{A}=B=0$,此时并不需要该连接来实现。

2.4.4 扇出系数和传输延迟时间

1. 扇出系数

扇出是指驱动门输出端能够驱动的同类型负载门的个数。最大扇出是指输出端能够驱动同类型负载门的最大数目。由于CMOS逻辑门将驱动其他CMOS逻辑门,用来驱动其他CMOS逻辑门的电流几乎为零,所以,从静态特性的角度,最大扇出系数理论上为无穷大。

然而,每增加一个负载门,驱动门状态改变时需要充电和放电的负载电容增加,而这限制了最大允许驱动的逻辑门的数目。图2.42所示为一个恒流源给负载电容充电。电容两端的电压为

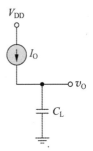

图2.42 对负载电容充电的恒流源

$$v_O = \frac{1}{C_L}\int I_O dt = \frac{I_O t}{C_L} \qquad (2.72)$$

负载电容 C_L 与负载门的个数以及每个负载的输入电容成正比,电流 I_O 与驱动晶体管的传导参数成正比,因此,开关时间

$$t \propto \frac{N(W \cdot L)_L}{\left(\frac{W}{L}\right)_D} \qquad (2.73)$$

其中栅极电容与负载的栅极面积 $(W \cdot L)_L$ 成正比,驱动晶体管的传导参数与其宽长比成正比。式(2.73)可以重写为

$$t \propto N(L_L L_D)\left(\frac{W_L}{W_D}\right) \qquad (2.74)$$

与开关时间成正比的传输延迟时间随着扇出系数的增加而增加。通过增加驱动晶体管的尺寸,可以减少传输延迟时间。然而,对于任何给定的驱动电路和负载电路,器件的尺寸通常都是固定的。所以,最大扇出系数受最大允许传输延迟时间的限制。

传输延迟时间的测量通常在特定的负载电容下进行。2 输入 CMOS 或非门(例如 SN74HC36)的平均传输延迟时间为 25ns,在负载电容 $C_L=50\text{pF}$ 下测得。由于输入电容为 $C_1=10\text{pF}$,5 个门的扇出将产生 50pF 的负载电容。若扇出大于 5,则负载电容增大,传输延迟时间将增大并超过规定值。

2. 传输延迟时间

虽然 CMOS 反相器的传输延迟时间可以通过分析的方法确定,也可以通过计算机仿真得到,尤其是研究更复杂的 CMOS 逻辑电路时。在仿真中使用合适的晶体管模型,可以得到瞬态响应。为了获得准确的瞬态响应,必须使用正确的晶体管参数。本章末尾给出一些计算机仿真题,与传输延迟时间有关。而在这里,将不作进一步介绍。

理解测试题 2.9 设计一个静态 CMOS 逻辑电路,实现现逻辑函数 $Y=\overline{(ABC+DE)}$。

答案:NMOS 设计:输入 A、B、C 接 3 个串联 NMOS 晶体管,输入 D、E 接 2 个串联 NMOS 晶体管,3 个 NMOS 与 2 个 NMOS 并联。

理解测试题 2.10 设计图 2.41 所示静态 CMOS 异或逻辑门中晶体管的宽长比,要求开关时间对称,且与基本 CMOS 反相器的开关时间一致。

答案:所有 NMOS 晶体管的 $W_n=2W$,所有 PMOS 晶体管的 $W_p=4W$。

2.5 带时钟的 CMOS 逻辑电路

目标:分析和设计带时钟的 CMOS 逻辑电路。

2.4 节分析的 CMOS 逻辑电路称为静态电路。静态 CMOS 逻辑电路的一个特点是输出节点和地或者 V_{DD} 之间始终存在小阻抗通路。这意味着输出电压总是确定的,不会处于悬浮状态。

可以重新设计 CMOS 静态电路,在增加时钟信号的同时去除较多的 PMOS 电路。一般来说,PMOS 器件的尺寸大于 NMOS 器件,尽可能多地去除 PMOS 器件可以减小芯片的

尺寸和输入电容,而同时保持 CMOS 低功耗优点。

带时钟的 CMOS 电路为动态电路,通常在时钟为低电平时,将输出节点预充电至特定的电平。观察图 2.43 所示电路,当时钟信号为低电平,即 CLK=逻辑 0 时,M_{N1} 截止,电路中的电流为零。晶体管 M_{P1} 导通,但由于电路中电流为零,于是 v_{O1} 充电至 V_{DD}。CMOS 反相器的输入为高电平时,输出 $v_O=0$。在时钟信号的这个阶段,M_{P2} 的栅极预充电。

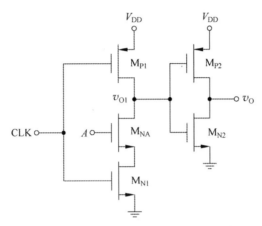

图 2.43 带时钟的简单 CMOS 逻辑电路

在下一阶段,当时钟信号变为高,即 CLK=1 时,晶体管 M_{P1} 截止而 M_{N1} 导通。若输入 A=逻辑 0,则 M_{NA} 截止,电压 v_{O1} 没有放电通路,因此,v_{O1} 保持为 $v_{O1}=V_{DD}$。而当 CLK=逻辑 1 且 A=逻辑 1 时,M_{N1} 和 M_{NA} 均导通,为 v_{O1} 提供了放电通路。当 v_{O1} 被拉到低电平时,输出信号 v_O 变为高电平。

与标准 CMOS 电路相同,该电路的静态功耗几乎为零。由于输出 v_{O1} 在时钟的前半个周期内被拉低,预充电所需的功率极小。

图 2.43 中的单个 NMOS 晶体管 M_{NA},可以用更复杂的 NMOS 逻辑电路来代替。观察图 2.44 所示的两个电路,当 CLK=逻辑 0 时,两个电路都有 M_{N1} 截止,M_{P1} 导通,于是 v_{O1} 充电至 $v_{O1}=V_{DD}$,$v_O=0$。对于图 2.44(a)中的电路,当 CLK=逻辑 1 时,只有当 A=B=逻辑 1 时,电压 v_{O1} 被放电或下拉至地或低电平。此时,v_O 变为高电平。图 2.44(a)所示的电路实现与函数。类似地,图 2.44(b)所示的电路实现或函数。

预充电技术的优点在于,它避免使用复杂的上拉网络,而只需要一个 PMOS 晶体管和一个 NMOS 晶体管。对于大规模电路来说,这就可以使硅片的面积节省 50%,并减小输入电容,从而提高速度。此外,其静态功耗几乎为零,因此电路仍然保留了 CMOS 电路的优点。

图 2.44(a)和图 2.44(b)中的与、或逻辑晶体管 M_{NA} 和 M_{NB} 可以用图 2.45 所示的一般逻辑网络代替。标记为 f 的方块是一个 NMOS 下拉网络,它实现 n 变量逻辑函数 $f(X)$,其中 $X=(x_1,x_2,\cdots,x_n)$。NMOS 电路是 n 个晶体管的串-并联,当时钟信号变为高电平时,CMOS 反相器的输出为逻辑函数 $f(X)$。

逻辑电路 f 的一组输入 X 来自于其他的 CMOS 反相器或带时钟的逻辑电路的输出。这意味着当 CLK=逻辑 0 时,所有 CMOS 反相器的输出在预充电时段内都为逻辑 0。结果,$X=(x_1,x_2,\cdots,x_n)$ 的 n 个变量均为逻辑 0。在此期间,所有 NMOS 晶体管均截止,它

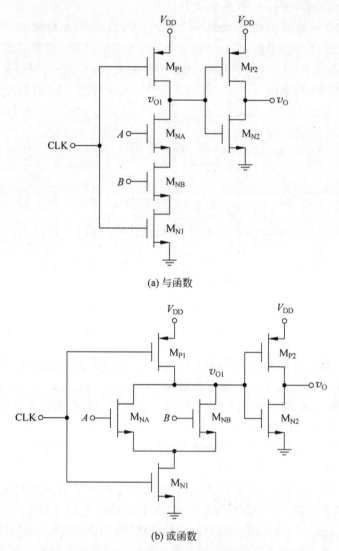

(a) 与函数

(b) 或函数

图 2.44 带时钟的 CMOS 逻辑电路

保证了 v_{O1} 可以充电至 V_{DD}。于是,当时钟信号变为高电平期间,每个节点的状态只能改变一次。CMOS 缓冲器的输出可能由 0 变为 1。

图 2.46 所示为级联式多米诺 CMOS 电路的一个例子。在预充电时间内,CLK=逻辑 0,节点 1 和 3 充电至高电平,节点 2 和 4 为低电平。同时,在这段时间内,输入信号 A、B 和 C 均为低电平。在 CLK=逻辑 1 期间,若 $A=C=$逻辑 1 且 $B=$逻辑 0,则节点 1 保持为高电平,$f_1=$逻辑 0,节点 3 通过 M_{NC} 放电,使 f_2 变为高电平。而如果在 CLK=逻辑 1 期间,$A=B=$逻辑 1 且 $C=$逻辑 0,则节点 1 被拉低,使得 f_1 变为高电平,进而使节点 3 被拉低,迫使节点 4 变为高电平。这样一连串的反应使得多米诺(domino)电路由此得名。

理解测试题 2.11 设计一个如图 2.45 所示的带时钟的 CMOS 多米诺逻辑电路,产生输出 $f(X)=A \cdot B \cdot C+D \cdot E$。

理解测试题 2.12 画出实现异或函数的带时钟的 CMOS 逻辑电路。

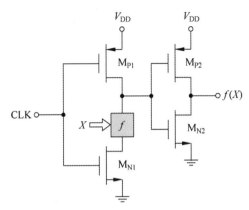

图 2.45 带时钟的一般 CMOS 逻辑电路

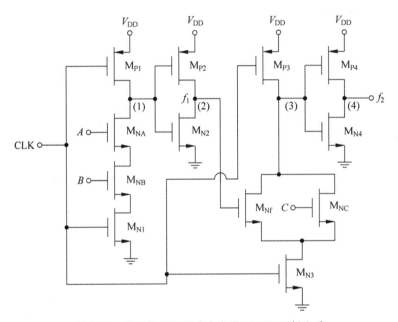

图 2.46 带时钟的级联式多米诺 CMOS 逻辑电路

2.6 传输门

目标：分析并理解 NMOS 和 CMOS 传输门的特性。

晶体管可以作为驱动电路和负载电路之间的开关，完成这种功能的晶体管称为传输门。下面将研究 NMOS 和 CMOS 传输门，也可以利用传输门实现逻辑函数。

2.6.1 NMOS 传输门

图 2.47(a) 中的 NMOS 增强型晶体管是一个连接至负载电容 C_L 的传输门，电容 C_L 可能是一个 MOS 逻辑电路的输入电容。在此电路中，晶体管必须是双向的，也就是说，它可以在两个方向传导电流。这是 MOSFET 的固有属性。假设端子 a 和 b 是对等的，加到晶

体管的偏置电压决定哪一个端点作为漏极,哪一个端点作为源极。衬底必须和电路中电位最低的点相连,通常是地。图 2.47(b)给出广泛使用的 NMOS 传输门的简化电路符号。

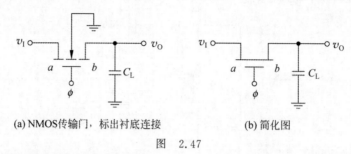

(a) NMOS 传输门,标出衬底连接　　　(b) 简化图

图 2.47

假设 NMOS 传输门的工作电压范围为 $0 \sim V_{DD}$,如果栅极电压 $\phi = 0$,则 N 沟道晶体管截止,输出与输入隔离,晶体管相当于一个断开的开关。

当 $\phi = V_{DD}$,$v_I = V_{DD}$,且输出 v_O 的初始值为零时,由于端子 a 的偏置电压为 V_{DD},它作为漏极,而由于端子 b 的偏置电压为零,它作为源极。电流从输入端流入漏极,对电容充电。栅-源间电压为

$$v_{GS} = \phi - v_O = V_{DD} - v_O \tag{2.75}$$

随着电容的充电,输出 v_O 增加,栅-源间电压下降。当栅-源间电压 v_{GS} 和晶体管的开启电压 V_{TN} 相等时,电流为零,电容停止充电。当 $v_{GS} = V_{TN}$ 时,输出电压达到最大值。因此,由式(2.75)可得

$$v_{GS}(\min) = V_{TN} = V_{DD} - v_O(\max) \tag{2.76a}$$

即

$$v_O(\max) = V_{DD} - V_{TN} \tag{2.76b}$$

其中,V_{TN} 是考虑衬底的基体效应时晶体管的开启电压。

式(2.76b)表明 NMOS 传输门的一个缺点。当逻辑 1 信号通过传输门时,电压值会下降或衰减。但在多数应用场合,这并不是一个严重的问题。

图 2.48 给出 NMOS 传输门输出电压与输入电压之间的准静态特性曲线。从图中可以看出,当 $v_I = V_{DD}$ 时,输出电压 $v_O = V_{DD} - V_{TN}$,与前面讨论的相同。当输入电压范围为 $v_I < V_{DD} - V_{TN}$ 时,$v_O = v_I$,在此输入电压范围内,栅-源间电压仍大于开启电压。而在稳态时,通过电容的电流必定为零。此时,当漏-源间电压为零,或 $v_O = v_I$ 时,电流为零。

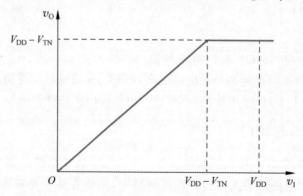

图 2.48　NMOS 传输门输出电压随输入电压的变化特性

现在讨论初始值为 $\phi=V_{DD}$, $v_I=0$ 且 $v_O=V_{DD}-V_{TN}$ 时的情况。端子 b 作为漏极，端子 a 作为源极。栅-源间电压为

$$v_{GS} = \phi - v_I = V_{DD} - 0 = V_{DD} \tag{2.77}$$

v_{GS} 为常数，电流流入 NMOS 晶体管的漏极，电容放电。当电流变为零时，电容停止放电。由于 v_{GS} 为常数，等于 V_{DD}，当漏-源间电压为零时，漏极电流变为零，也就是电容全放电到 0。这说明逻辑 0 无衰减地通过 NMOS 传输门。

在 MOS 电路中使用 NMOS 传输门可能产生动态情况。图 2.49 给出 NMOS 传输门结构中 NMOS 晶体管的剖面图。当 $v_I=\phi=V_{DD}$ 时，负载电容充电至 $v_O=V_{DD}-V_{TN}$。当 $\phi=0$ 时，NMOS 晶体管截止，输入和输出之间隔离。

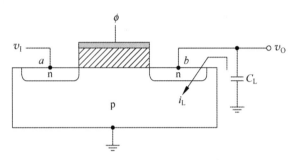

图 2.49 NMOS 传输门，给出 NMOS 晶体管的剖面图

电容电压使端子 b 和地之间的 PN 结反向偏置。电容通过反向偏置 PN 结的漏电流放电，电路不再保持静态情况，而变成了动态，输出端的高电平不再保持不变。

例题 2.12 图 2.49 所示电路中，估算当 NMOS 传输门截止时输出电压 v_O 随时间下降的速率。

假设电容初始充电到 $v_O=2.9V$，令 $C_L=0.2pF$，并假设反向偏置 PN 结的漏电流为常数 $i_L=100pA$。

解：电容两端的电压可以写为

$$v_O = -\frac{1}{C_L}\int i_L dt = -\frac{i_L}{C_L}t + K_1$$

其中 $K_1=v_O(t=0)=2.9V$ 为初始值，因此

$$v_O(t) = 2.9 - \frac{i_L}{C_L}t$$

输出电压下降速率为

$$\frac{dv_O}{dt} = -\frac{i_L}{C_L} = -\frac{100\times 10^{-12}}{0.2\times 10^{-12}} = -500V/s = -0.5V/ms$$

因此，本例中的电容在 5.8ms 后彻底放电。

点评：尽管 NMOS 传输门可能在电路中引入动态过程，它在一些带时钟的逻辑电路中仍然很有用，其中的时钟是周期性的，它作用在 NMOS 晶体管的栅极。例如，若时钟频率为 25kHz，时钟脉冲的周期为 $40\mu s$，则在一个时钟周期内，输出电压的衰减不超过 0.7%。

练习题 2.12 图 2.47(a) 所示 NMOS 传输门晶体管的开启电压 $V_{TN}=0.4V$。求解以下情况的输出电压 v_O：① $v_I=\phi=2.5V$；② $v_I=1.8V$, $\phi=2.5V$；③ $v_I=2.3V$, $\phi=2.5V$；

④$v_I=2.5V, \phi=1.5V$。忽略衬底效应。

答案：①$v_O=2.1V$；②$v_O=1.8V$；③$v_O=2.1V$；④$v_O=1.1V$。

例题2.13 求解由一组NMOS传输门驱动的NMOS反相器的输出。图2.50所示的电路中，NMOS反相器由三个串联的NMOS传输门驱动。假设NMOS传输门晶体管和NMOS驱动晶体管的开启电压均为$V_{TN}=0.4V$，负载晶体管的开启电压为$V_{TNL}=-0.6V$。令反相器的$K_D/K_L=3$，求解$v_I=0$和$v_I=2.5V$时的v_O。

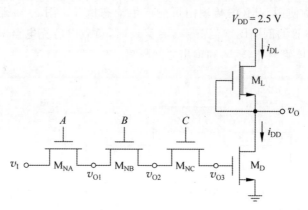

图2.50 由三个串联NMOS传输门驱动的NMOS反相器

解：三个串联的NMOS传输门实现与/与非功能。若$v_I=0$且$A=B=C=$逻辑1$=2.5V$，驱动晶体管M_D的栅极电容完全放电，即$v_{O1}=v_{O2}=v_{O3}=0$。驱动晶体管M_D截止，输出电压$v_O=5V$。

若$v_I=2.5V$且$A=B=C=$逻辑1$=2.5V$，三个传输门均导通，M_D的栅极电容开始充电。对于晶体管M_{NA}来说，当栅-源间电压与开启电压相等时，电流为零。或者根据式(2.76(b))可得

$$v_{O1}=V_{DD}-V_{TN}=2.5-0.4=2.1V$$

晶体管M_{NB}和M_{NC}也因栅-源间电压与开启电压相等而截止，所以有

$$v_{O2}=v_{O3}=V_{DD}-V_{TN}=2.5-0.4=2.1V$$

以上结果表明M_{NB}和M_{NC}的漏-源间电压也为零。信号通过第一个传输门时有一个开启电压压降，但通过后面的串联传输门时，并不会出现开启电压压降。

若在M_D的栅极加电压$v_{O3}=2.1V$时，驱动晶体管偏置在非饱和区，而负载晶体管偏置在饱和区。由$i_{DD}=i_{DL}$，可得

$$K_D[2(v_{O3}-V_{TN})v_O-v_O^2]=K_L[-V_{TNL}]^2$$

求得输出电压为$v_O=35.7mV$。

如果A、B或C中任意一个传输门的栅极电压变为逻辑0，则v_{O3}将通过传输门中反向偏置的PN结开始放电，这意味着v_O开始随时间上升。

点评：本例中的反相器也有动态问题，即任一传输门截止时，输出电压随时间而变化。尽管如此，这类电路可用于带时钟的数字系统。

练习题2.13 观察图2.51所示的由NMOS传输门驱动的增强型负载NMOS反相器，每个N沟道晶体管的开启电压均为$V_{TN}=0.5V$。忽略衬底的基体效应。设计反相器的K_D/K_L，使以下情况的$v_O=0.1V$。①$v_I=2.8V, \phi=3.3V$；②$v_I=\phi=2.8V$。

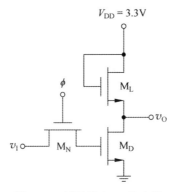

图 2.51 练习题 2.13 的电路

答案：①$K_D/K_L=16.2$；②$K_D/K_L=20.8$。

2.6.2 NMOS 传输网络

随着集成电路技术的发展,集成电路对密度的要求越来越高。单位面积所包含的功能电路的最大数目取决于功耗密度或晶体管及相关元器件所占据的面积。

将功耗最小化、元器件密度最大化的一种 NMOS 逻辑电路形式为传输晶体管逻辑。传输晶体管电路通过使用尺寸最小的晶体管以提高密度和工作速度。其平均功耗仅与驱动电路给传输晶体管的控制栅极充放电以及驱动传输网络输入端的开关损耗有关。

本节主要介绍几个 NMOS 传输晶体管逻辑电路实例。在如图 2.52 所示电路中,为了确定输出响应,考查表 2.1 所列出的输入信号 A 和 B 可能的状态组合。假设逻辑 1 电平为 V_{DD}。在状态 1 和 2,传输门 M_{N2} 导通。在状态 1 时,$\overline{A}=$ 逻辑 1 传输到输出,所以 $f=$ 逻辑 $1'$,其中逻辑 $1'$ 的电平为 $(V_{DD}-V_{TN})$。逻辑 1 电平衰减了一个开启电压压降。在状态 2 时,$A=$ 逻辑 0 无衰减地传输到输出。在状态 3 和 4,传输门 M_{N1} 导通。在状态 3 时,$A=$ 逻辑 0 无衰减地传输到输出端。在状态 4 时,$A=$ 逻辑 1 在传输过程中衰减,因此,$f=$ 逻辑 $1'$。由此,输出实现同或函数。

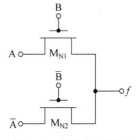

图 2.52 简单的 NMOS 传输逻辑网络

表 2.1 图 2.52 所示电路的输入和输出状态

状态	A	B	$\overline{A}$	$\overline{B}$	M_{N1}	M_{N2}	f
1	0	0	1	1	关闭	开启	$1'$
2	1	0	0	1	关闭	开启	0
3	0	1	1	0	开启	关闭	0
4	1	1	0	0	开启	关闭	$1'$

图 2.53 给出另一种 NMOS 传输晶体管逻辑电路。输出响应为栅极输入控制信号 A 和 B 的函数,如表 2.2 所示。这是一个多路选择器电路,也即在不同的栅极控制信号组合下,输入信号 P_i 中分别逐个传输至输出端。取输入信号 A、B 的原变量以及它们的反变量,可以用两个变量控制四个输入信号。

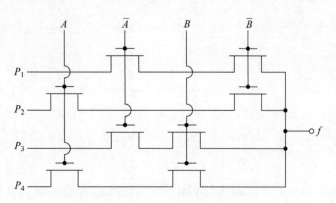

图 2.53 NMOS 传输逻辑网络示例

表 2.2 图 2.53 所示电路的输入和输出状态

状态	A	B	$\overline{A}$	$\overline{B}$	f
1	0	0	1	1	P_1
2	1	0	0	1	P_2
3	0	1	1	0	P_3
4	1	1	0	0	P_4

NMOS 传输晶体管逻辑电路存在的一个潜在问题,输出可能为高阻抗状态。观察图 2.54 所示电路,如果 $\overline{B}=C=$ 逻辑 0 且 $A=$ 逻辑 1,则 $f=$ 逻辑 $1'$,即逻辑 1 衰减 V_{TN} 后的电平。当 A 变为逻辑 0 时,输出端应该为低电平,但由于没有对地的放电回路,所以输出端可能保持为输出电容上储存的逻辑 $1'$。

设计 NMOS 传输网络时应避免传输 0 时输出端为高阻的状态。图 2.55 所示为实现图 2.54 所示逻辑函数 $f=A+\overline{B}\cdot C$ 的传输逻辑网络。输出端包含的互补函数 $\overline{f}=\overline{A}\cdot(B+\overline{C})$,保证 $f=0$ 时能输出逻辑 0。

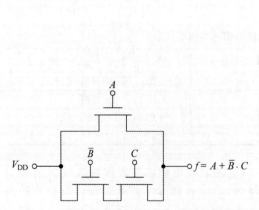

图 2.54 有潜在问题的 NMOS 传输逻辑网络

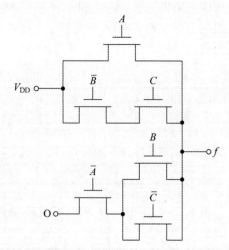

图 2.55 带并联互补输出的 NMOS 传输逻辑网络

2.6.3 CMOS传输门

图2.56(a)所示为CMOS传输门。NMOS和PMOS晶体管并联,栅极信号互补,它可以使输入信号无衰减地传输至输出端。两个晶体管都必须是双向的,因此,NMOS晶体管的衬底连接到电路的最低电位点,而PMOS晶体管的衬底连接到电路的最高电位点(通常分别是地和V_{DD})。图2.56(b)所示为CMOS传输门常用的简化电路符号。

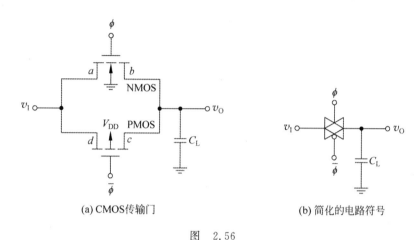

(a) CMOS传输门   (b) 简化的电路符号

图 2.56

再次假设CMOS传输门的工作电压范围为$0 \sim V_{DD}$,如果控制电压为$\phi=0$和$\bar{\phi}=V_{DD}$,则NMOS和PMOS晶体管均截止,输出与输入隔离。在此状态下,电路像一个断开的开关。

如果$\phi=V_{DD}$,$\bar{\phi}=0$,$v_I=V_{DD}$,且输出v_O的初始值为零,则对NMOS晶体管来说,a端子作为漏极而b端子作为源极;而对PMOS晶体管来说,c端子作为漏极而d端子作为源极。电流流入NMOS晶体管的漏极和PMOS晶体管的源极,向负载电容充电,如图2.57(a)所示。NMOS晶体管的栅-源间电压为

$$v_{GSN} = \phi - v_O = V_{DD} - v_O \tag{2.78a}$$

PMOS晶体管的源-栅间电压为

$$v_{SGP} = v_I - \bar{\phi} = V_{DD} - 0 = V_{DD} \tag{2.78b}$$

对于NMOS传输门,当$v_O = V_{DD} - V_{TN}$时,由于$V_{GSN} = V_{TN}$,NMOS晶体管截止,$i_{DN}=0$。而由于PMOS晶体管的源-栅间电压为常数$v_{SGP}=V_{DD}$,PMOS晶体管继续导通。当PMOS晶体管的源-漏间电压为零,即$v_{SDP}=0$时,其漏极电流i_{DP}变为零。即负载电容C_L通过PMOS晶体管继续充电,直到输出电压和输入电压相等,此时有$v_O = v_I = V_{DD}$。

当$\phi=V_{DD}$,$\bar{\phi}=0$,$v_I=0$,且输出电压的初始值为$v_O=V_{DD}$时,对NMOS晶体管来说,a端子作为源极而b端子作为漏极;而对PMOS晶体管来说,c端子作为源极而d端子作为漏极。电流流入NMOS晶体管的漏极和PMOS晶体管的源极,此时负载电容放电,如图2.57(b)所示。NMOS晶体管的栅-源间电压为

$$v_{GSN} = \phi - v_I = V_{DD} - 0 = V_{DD} \tag{2.79a}$$

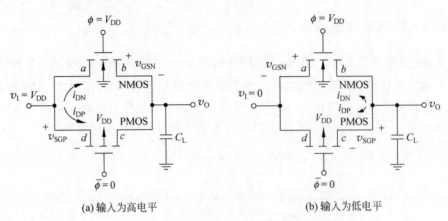

(a) 输入为高电平   (b) 输入为低电平

图 2.57 CMOS 传输门中的电流与栅-源间电压

PMOS 晶体管的源-栅间电压为

$$v_{SGP} = v_O - \bar{\phi} = v_O - 0 = v_O \tag{2.79b}$$

当 $v_{SGP} = v_O = |V_{TP}|$ 时，PMOS 晶体管截止，其漏极电流 i_{DP} 变为零，而由于 $v_{GSN} = V_{DD}$，NMOS 晶体管继续导通，负载电容 C_L 完全放电至零。

在 MOS 电路中使用 CMOS 传输门，可能导致电路产生动态情况。图 2.58 所示为 CMOS 传输门中 NMOS 和 PMOS 晶体管的简易剖面图。若 $\phi = 0$ 且 $\bar{\phi} = V_{DD}$，则输入与输出之间隔离。如果 $v_O = V_{DD}$，则 NMOS 晶体管的衬底和 b 端子之间的 PN 结反向偏置，负载电容 C_L 通过反向偏置 PN 结的漏电流放电，与 NMOS 传输门中的情况一样。然而，如果 $v_O = 0$，则 PMOS 晶体管的 c 端子和衬底之间的 PN 结反向偏置，负载电容 C_L 充电至正电压。因此，电路是动态的，输出端的高电平或低电平不再随时间保持为常数。

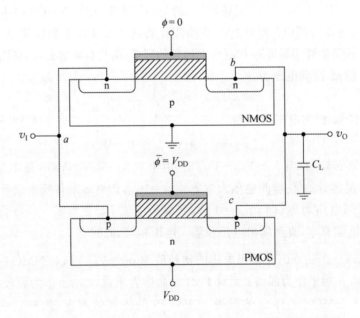

图 2.58 CMOS 传输门，给出 NMOS 和 PMOS 晶体管的剖面图

2.6.4 CMOS 传输网络

CMOS 传输门也可以用于传输网络逻辑设计。CMOS 传输网络用 NMOS 晶体管传输 0，用 PMOS 晶体管传输 1，而用 CMOS 传输门则将一个变量传输至输出端。图 2.59 给出一个例子。用一个 PMOS 晶体管传输逻辑 1，而用一个传输门来传输变量，它可以是逻辑 1，也可以是逻辑 0。经分析可知，任何信号的组合，逻辑 1 或者逻辑 0 都可以传输到输出端。

理解测试题 2.13 设计一个 NMOS 传输网络，实现逻辑函数 $f=A(B+C)$。

理解测试题 2.14 观察图 2.56(a)所示的 CMOS 传输门。假设晶体管参数为 $V_{TN}=0.4V$ 和 $V_{TP}=-0.4V$。当 $\phi=2.5V$ 时，输入电压 v_I 随时间变化且 $v_I=2.5-0.2t(0\leqslant t\leqslant 12.5s)$。令 $v_O(t=0)=2.5V$，并假设 $C_L=0.2pF$。求解 NMOS 和 PMOS 晶体管导通的时间范围。

答案：当 $2\leqslant t\leqslant 12.5s$ 时，NMOS 晶体管导通；当 $0\leqslant t\leqslant 10.5s$ 时，PMOS 晶体管导通。

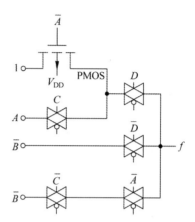

图 2.59 CMOS 传输逻辑网络

2.7 时序逻辑电路

目标：分析并理解移位寄存器的特性和各种触发器的设计。

在前面几节分析的逻辑电路中，例如或非门和与非门，输出仅取决于当前的输入信号。这些电路归类为组合逻辑电路。

另一类数字电路称为时序逻辑电路。输出不仅仅与输入有关，还与输入信号以前的历史有关。这样的特点赋予了时序逻辑电路记忆功能。移位寄存器和触发器是典型的时序逻辑电路。此外，还将简单介绍全加器电路。这些电路的特性是可以短时间储存信息，直到将这些信息传递给系统中的其他电路。

本节将介绍基本的移位寄存器以及触发器的基本概念。这些电路可能非常复杂，一般用逻辑框图表示。此外还将介绍用逻辑框图表示的 CMOS 全加器，并给出逻辑功能的晶体管电路实现。更多的知识可参阅更高级的教材。

2.7.1 动态移位寄存器

利用传输门和反相器可以构成移位寄存器。图 2.60 所示电路为 NMOS 传输门和耗尽型负载 NMOS 反相器的组合。时钟信号作用于 NMOS 传输门的栅极，它们必须互补，而且是互相不重叠的脉冲。M_{D1} 和 M_{D2} 的栅极有效输入电容为用图中虚线连接的电容 C_{L1} 和 C_{L2} 表示。

例如，当 $v_{O1}=0$ 时，C_{L1} 初始未充电，而且当 $\phi_1=V_{DD}$ 时，如果 $v_I=V_{DD}$，则当时钟脉冲 ϕ_1 结束时，v_{O1} 的电压应为逻辑电平 $1'=V_{DD}-V_{TN}$。电容 C_{L1} 通过 M_{N1} 和 v_I 的驱动电路

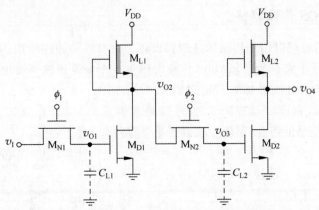

充电。充电的有效时间常数 RC 必须足够小,以便在时钟脉冲周期内完成充电过程。当 v_{O1} 变为高电平时,v_{O2} 变为低电平,但只要 ϕ_2 仍然为低电平,v_{O2} 的低电平信号就不会通过 M_{N2} 传输到 v_{O3}。

图 2.61 用于求解电路的工作过程及随时间变化的电压。简单起见,假设 NMOS 驱动晶体管和传输门晶体管的 $V_{DD}=5\text{V}$,$V_{TN}=1\text{V}$。

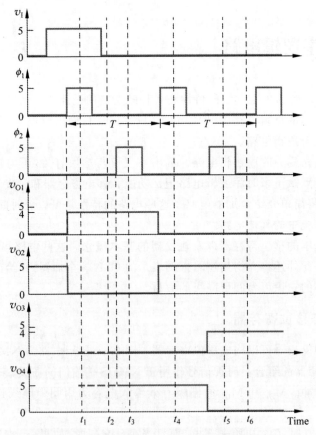

图 2.61 不同时刻的 NMOS 移位寄存器的电压

在 $t=t_1$ 时,$v_1=\phi_1=5\mathrm{V}$,v_{O1} 充电至 $V_{DD}-V_{TN}=4\mathrm{V}$,$v_{O2}$ 变为低电平。此时,M_{N2} 仍然截止,也就是说 v_{O3} 和 v_{O4} 的值取决于之前的历史值。在 $t=t_2$ 时,$\phi_1=0\mathrm{V}$,M_{N1} 截止,但 v_{O1} 保持为高电平充电值。在 $t=t_3$ 时刻,ϕ_2 为高电平,v_{O2} 的低电平传输给 v_{O3},迫使 v_{O4} 变为 5V。至此,t_1 时刻的输入信号 $v_1=5\mathrm{V}$ 传输到了输出端。因此,在 t_3 时,$v_{O4}=v_1=5\mathrm{V}$。经过一个时钟周期,输入信号从输入端传输或移位到了输出端,因此该电路称为移位寄存器。

在 $t=t_4$ 时,$v_1=0$ 且 $\phi_1=5\mathrm{V}$,所以 $v_{O1}=$ 逻辑 0 且 $v_{O2}=5\mathrm{V}$。此时,由于 $\phi_2=0$,M_{N2} 截止,输出 v_{O2} 和 v_{O3} 隔离。在 $t=t_5$ 时,$\phi_2=5\mathrm{V}$,v_{O3} 充电至逻辑电平 $1'$,即 $V_{DD}-V_{TN}=4\mathrm{V}$,因此 v_{O4} 变为低电平(逻辑 0)。在 $t=t_6$ 时,两个 NMOS 传输门均截止,两个反相器保持之前的状态。时钟信号 ϕ_1、ϕ_2 不相互重叠非常重要,否则信号将立即通过整个电路传输至输出端,也就不再是移位寄存器。

NMOS 传输门在动态情况下,输出端的高电压不能长时间保持不变,它通过传输门晶体管放电。图 2.60 所示的移位寄存器电路也存在同样的情况。例如,根据图 2.61,在 $t=t_2$ 时,$v_{O1}=4\mathrm{V}$,$\phi_1=0$,M_{N1} 截止,电压 v_{O1} 开始放电下降,v_{O2} 开始上升。为防止系统中引入逻辑错误,时钟周期 T 就要小于有效放电时间常数 RC。因此,图 2.60 所示的电路称为动态移位寄存器。

图 2.62 所示电路为用 CMOS 技术构成的动态移位寄存器。除了电平值外,其工作特性与 NMOS 动态移位寄存器十分相似。例如,当 $v_1=\phi_1=V_{DD}$ 时,输出 $v_{O1}=V_{DD}$ 且 $v_{O2}=$ 逻辑 0。当 ϕ_2 变为高电平时,v_{O3} 变为零,$v_{O4}=V_{DD}$,输入信号在一个时钟周期内传输到输出端。

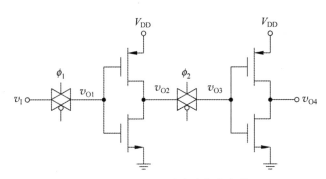

图 2.62 CMOS 动态移位寄存器

2.7.2 R-S 触发器

触发器为双稳态电路,通常由两个或非门交叉耦合构成。图 2.63 所示为耗尽型负载 NMOS 或非门组成的 R-S 触发器。如图所示,M_1、M_2 和 M_3 组成一个或非门,M_4、M_5 和 M_6 组成另一个或非门。两个或非门电路的输出连接回到对方的输入端。

如果假设 $S=$ 逻辑 1 且 $R=$ 逻辑 0,则 M_1 导通,输出 $\overline{Q}$ 被置为低电平,M_4 和 M_5 的输入均为低电平,因此输出 Q 变为高电平 V_{DD},即逻辑 1。于是晶体管 M_2 导通。输出 Q 和 $\overline{Q}$ 互补,根据定义,当 $Q=$ 逻辑 1,$\overline{Q}=$ 逻辑 0 时,触发器处于置位状态。

如果 S 变为逻辑 0,则 M_1 截止,但 M_2 继续导通,$\overline{Q}$ 保持低电平,Q 保持高电平。因此,

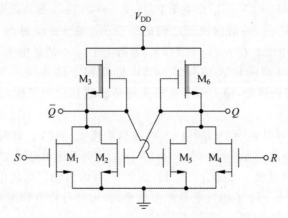

图 2.63 NMOS R-S 触发器

当 S 变为低电平时,电路中没有什么因素可以阻止触发器存储这个特定的逻辑状态。

当 $R=$ 逻辑 1 且 $S=$ 逻辑 0 时,M_4 导通,所以输出 Q 变为低电平。当 $S=Q=$ 逻辑 0 时,M_1 和 M_2 均截止,$\bar{Q}$ 变为高电平。晶体管 M_5 导通,在 R 变为低电平时保持 Q 为低电平。此时,触发器处于复位状态。

如果 R 和 S 输入均为高电平,则输出 Q 和 $\bar{Q}$ 均为低电平,而此时两个输出不再互补。因此,R 和 S 同时为逻辑 1 被认为是约束条件。如果两个输入都为高电平,然后变为低电平,触发器的状态取决于哪个输入最后变成低电平。如果两个输入同时变为低电平,则输出的状态将翻转为其中的一个状态或另一个状态,这取决于晶体管特性的细微差别。

图 2.64 所示为由 CMOS 或非门构成的 R-S 触发器。两个或非门的输出接回到对方的输入端,构成触发器。

如果 $S=$ 逻辑 1 且 $R=$ 逻辑 0,则 M_{N1} 导通,M_{P1} 截止,$\bar{Q}$ 变为低电平。由于 $\bar{Q}=R=$ 逻辑 0,M_{N3} 和 M_{N4} 均截止,M_{P3} 和 M_{P4} 均导通,输出 Q 为高电平。当 $Q=$ 逻辑 1 时,M_{N2} 导通,M_{P2} 截止,触发器处于置位状态。当 S 变为低电平时,M_{N1} 截止,M_{N2} 继续导通,触发器的状态保持不变。

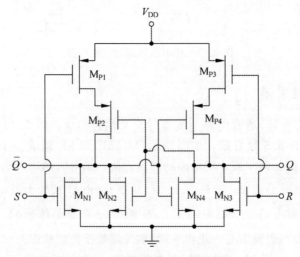

图 2.64 CMOS R-S 触发器

当 $S=$ 逻辑 0 且 $R=$ 逻辑 1 时,输出 Q 被置为低电平,$\bar{Q}$ 变为高电平,触发器处于复位状态。同样,因为可能导致两个输出不互补,R 和 S 同时为逻辑 1 被认为是约束条件。

2.7.3 D 触发器

D 触发器用于产生延时。D 输入的逻辑位在下一个时钟周期被传输到输出端。D 触发器被用在计数器和移位寄存器电路中。基本电路与图 2.62 所示的 CMOS 动态移位寄存器电路相似,只是增加了辅助电路,使 D 触发器为静态电路。

观察图 2.65 所示电路,由 M_{N1} 和 M_{P1} 构成的 CMOS 传输门驱动由晶体管 M_{N2} 和 M_{P2} 组成的 CMOS 反相器,而由 M_{N3} 和 M_{P3} 组成的第二个 CMOS 反相器则连接成反馈结构。如果 $v_I=$ 高电平,则当传输门导通时,v_{O1} 变为高电平,输出 v_O 即反馈反相器的输入,变为低电平。

当 CMOS 传输门截止时,传输门晶体管 M_{N1} 的 PN 结反向偏置,此时,电压 v_{O1} 不是简单地加在 M_{N2} 和 M_{P2} 组成的反相器的栅极电容上。晶体管 M_{P3} 导通,所以通过 M_{P3} 给反向偏置 PN 结提供漏电流 I_L,如图 2.65 所示。由于这个漏电流很小,M_{P3} 的源-漏间电压也很小,v_{O1} 保持接近 V_{DD} 的电平。因此,电路呈现静态电路特性。

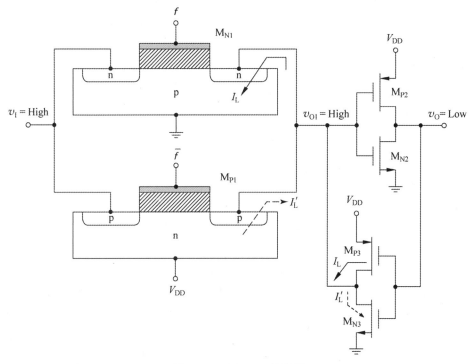

图 2.65 CMOS D 触发器

类似地,当 v_{O1} 为低电平且 v_O 为高电平时,传输门晶体管 M_{P1} 的 PN 结反向偏置,晶体管 M_{N3} 导通。晶体管 M_{N3} 吸收 PN 结的漏电流 I_L',电路保持为静态,直到被通过传输门的新的输入信号改变。

图 2.66 所示电路为主-从 D 触发器电路结构。当时钟脉冲 ϕ 为高电平时,传输门 TG1 导通,数据 D 通过第一个反相器,则 $Q'=\bar{D}$。传输门 TG2 截止,信号停止在 Q' 处。当时钟

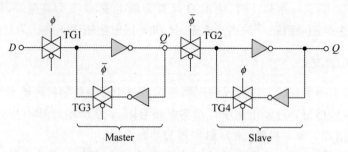

图 2.66 CMOS 主-从 D 触发器

脉冲 ϕ 变为低电平时，TG3 导通，主触发器状态保持不变。同时，当 ϕ 变为低电平时，TG2 导通，信号通过从触发器传输，输出 $Q=\bar{Q}'=D$。ϕ 为高电平时的数据在时钟脉冲 ϕ 的下降沿时传输到输出端。主-从 D 触发器在不同时刻的信号如图 2.67 所示。

可以在图 2.66 所示的 D 触发器中添加辅助电路，以提供触发器的置位和复位功能。

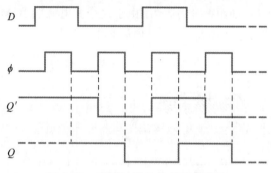

图 2.67 不同时刻的 D 触发器信号

2.7.4 CMOS 全加器电路

一位全加器电路是在运算处理电路中应用最为广泛的电路单元之一。首先通过布尔函数分析逻辑框图，然后考虑采用传统的 CMOS 电路实现。

假设将两个输入位和一个来自上一级的进位信号进行先相加，和输出以及进位输出信号由以下三输入变量 A、B 和 C 的布尔函数给出，即

$$\text{Sum-out} = A \oplus B \oplus C$$
$$= ABC + A\bar{B}\bar{C} + \bar{A}B\bar{C} + \bar{A}\bar{B}C \tag{2.80a}$$
$$\text{Carry-out} = AB + AC + BC \tag{2.80b}$$

这些函数的逻辑框图如图 2.68 所示。正如之前所看到的，可以使用晶体管来实现，比起全部使用或非门和与非门，逻辑框图中所使用的晶体管更少。

图 2.69 是使用传统 CMOS 技术实现的一位全加器电路的晶体管层级电路图。可以通过逻辑框图理解基本的设计。例如，观察产生进位输出信号的 NMOS 部分电路。可以看到，晶体管 M_{NA1} 和 M_{NB1} 并联，实现基本的或函数，这些晶体管再与晶体管 M_{NC1} 串联，实现基本的与函数。这三个晶体管形成图 2.68 所示门电路 G_1 和 G_2 的 NMOS 部分电路。晶体管 M_{NA2} 和 M_{NB2} 也串联，实现基本的与门 G_3。这两个晶体管与之前的三个晶体管并联，

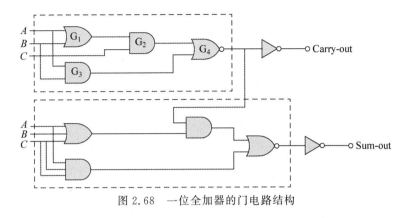

图 2.68　一位全加器的门电路结构

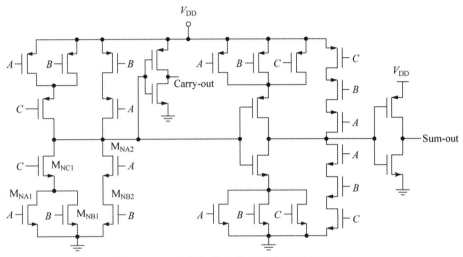

图 2.69　一位全加器的 CMOS 晶体管电路结构

实现基本的或门 G_4。这个输出信号经过一个反相器，形成最终的进位信号。

同样，可以对和输出信号的 NMOS 部分电路进行分析。PMOS 设计和 NMOS 设计互补。如前所述，最终设计中所使用的晶体管数目要比在逻辑框图中加入基本或非门和与非门中所实际使用的晶体管少。

2.8　存储器的分类与电路结构

目标：讨论半导体存储器。

本章前几节分析和讨论了各种逻辑电路。通过门电路的组合可以实现加法器、乘法器以及多路选择器等逻辑电路。除了这些组合逻辑函数外，数字计算机系统还需要存储信息的方法。本章讨论用半导体电路构成的一种存储器，并定义一类和逻辑门电路同等重要的数字电子电路。

一个存储单元是一个电路，或有时仅仅是一个器件，它可以存储一位信息。一系列存储单元构成存储器。存储器还必须包括一些外围电路，以便对存储单元进行寻址，并对存储单元内的信息进行读写。

本节将定义各种不同类型的半导体存储器,讨论存储器的结构,并简单介绍地址译码器。下一节将更详细地分析一些基本的存储单元,并简单介绍读出放大电路。

2.8.1 存储器的分类

讨论半导体存储器的两种基本类型,第一种是随机存储器(RAM),是可读可写的存储器,其中的每个单元随时独立寻址。对每个单元的存取时间几乎相等。RAM 定义中隐含的意思是对任一存储单元进行读操作和写操作所需的时间几乎相等。同时考虑静态 RAM 和动态 RAM。

第二种半导体存储器是只读存储器(ROM)。尽管在某些设计中,数据可以被更改,但通常只读存储器存储单元中的数据是固定的。而对只读存储器单元进行写操作所用的时间,要比对数据进行读操作所用的时间大得多。例如,只读存储器可以用于存储计算机操作系统的指令。掉电易失性存储器一旦掉电,所有存储的数据都会丢失,而非掉电易失性存储器却能在掉电时保留所存储的数据。一般来说,随机存储器是掉电易失性存储器,而只读存储器是非掉电易失性存储器。

1. 随机存储器

随机存储器包括静态随机存储器(SRAM)和动态随机存储器(DRAM)两种。SRAM 由基本的双稳态触发器构成,只需要一个直流电流或电压保持存储。存在两个稳定的状态,定义为逻辑 1 和逻辑 0。DRAM 是 MOS 存储单元,通过对电容充电存储一位数据。由于电容电压以有限的时间常数(毫秒级)而衰减,所以为了使 DRMA 不丢失数据,需要通过周期性的刷新保持充电。

SRAM 的优点是不需要附加复杂的刷新循环和刷新电路,但其缺点是电路体积庞大。通常,SRAM 存储单元需要 6 个晶体管。DRAM 的优点是它只需要一个晶体管和一个电容,但其缺点是需要刷新电路和刷新循环。

2. 只读存储器

有两类 ROM。一类是由制造商编程(掩模可编程 ROM)或者用户编程(可编程 ROM,即 PROM)。但是不管用何种方法,此类 ROM 一旦被编程,它所存储的数据便固定了,不能再更改。第二类是可擦除的 ROM,其中所存储的数据可以根据需要重新编程。这类 ROM 可能称为 EPROM(可擦除的可编程 ROM),EEPROM(电可擦除的可编程 ROM)和快闪(flash)存储器。如前所述,这类存储器中的数据可以重新编程,但写操作要比读操作所用的时间长。在某些情况下,必须将存储芯片从电路中取下,再进行重新编程。

2.8.2 存储器结构

图 2.70 所示为存储器的基本结构,其连接端口可能包括输入、输出、地址以及读写控制。存储器的主要部分是数据存储区。RAM 存储器包含上述所有的端口,而 ROM 存储器则没有输入和写控制。

图 2.71 所示为 RAM 的典型结构,它包括一个 2^M 列、2^N 行的存储矩阵。存储矩阵可能是方阵,也就是说 M 和 N 相等。这个特殊的矩阵可能只是一块芯片上几个矩阵中的其中一个。为了读取存储矩阵中特定存储单元的数据,输入一个行地址,通过译码,选择其中的一行,该行的所有存储单元都被激活。再输入一个列地址,通过译码选择其中的一列。于

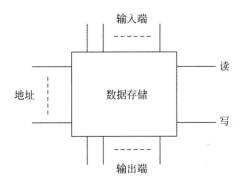

图 2.70 存储器的基本结构示意图

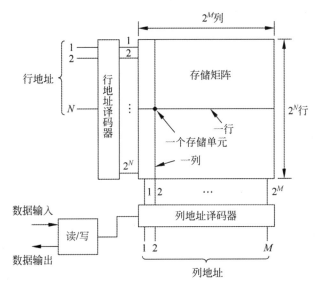

图 2.71 RAM 的基本结构

是行和列交点处的特定存储单元被选中，该单元内存储的逻辑电平通过位线传输到一个读出放大器。

控制电路用于使能或选择芯片上的一个特定存储矩阵，或用来选择是从存储单元读数据还是往里面写数据。存储芯片即存储矩阵设计为并行排列，这样存储容量可以扩展。用来定位并联矩阵的附加控制线称为片选信号。如果一个特定的芯片或矩阵没有选中，则其中的存储单元不会被寻址。片选信号控制数据输入和输出缓冲器的三态输出。在这种方式下，若干存储矩阵的数据输入和输出线可以连接在一起，而不会相互影响。

2.8.3 地址译码器

图 2.71 所示的行译码器和列译码器是所有存储器的基本组成部分。存储器的读写时间与功耗在很大程度上取决于译码器电路的设计。图 2.72 给出一个简单的 2 位输入译码器。该译码器电路采用与非逻辑电路来实现，虽然相同类型的译码器也可用或非门实现。输入字经过输入缓冲器产生地址信号以及互补信号。

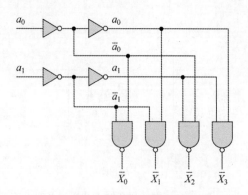

图 2.72 2位输入译码器简图

译码器实现的另一个例子如图 2.73 所示。图 2.73(a)所示为一对 NMOS 输入缓冲反相器,而图 2.73(b)所示为一个由 NMOS 增强型驱动晶体管和耗尽型负载构成的 5 输入或非逻辑地址译码器电路。每个输入地址线都需要一对输入缓冲反相器。然后,输入信号只驱动一个反相器,缓冲反相器对则驱动其余的逻辑电路。当所有的输入均为逻辑 0 时,或非门译码器输出高电平。图 2.73(b)所示的或非门将对地址字 00110 进行译码,并选中第 7 行或第 7 列进行读或写操作。(注意:用输入 00000 选中第 1 行或第 1 列。)

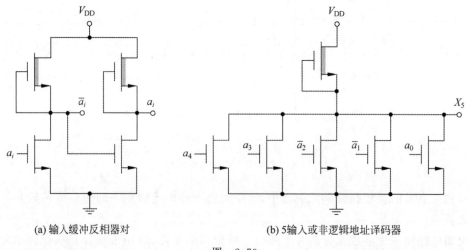

(a) 输入缓冲反相器对   (b) 5输入或非逻辑地址译码器

图 2.73

随着存储器存储容量的增加,地址字的长度也必须增加。例如,一个按方阵排列的 64KB(1KB=1024B)存储器,需要 8 位行地址和 8 位列地址。随着字长的增加,译码器变得更加复杂,所用晶体管的数量和功耗可能变得很大。此外,MOS 译码器晶体管的总电容和内部连线增加,将会使传输延迟时间显著增加。通过使用或非和与非门组成的两级译码器,可以减少所使用的晶体管数量。这些电路可以在数字电路的其他高级教材中见到。

理解测试题 2.15 存储矩阵为方阵的存储器,其行地址和列地址译码器均为如图 2.73(b)所示的或非逻辑地址译码器。计算以下情况译码器的晶体管数目①1KB 存储器;②4KB 存储器;③16KB 存储器。

答案:①384;②896;③2048,外加缓冲器晶体管。

2.9 RAM 存储器单元

目标：分析和设计随机存储器(RAM)单元。

本节将分析 NMOS 静态 RAM 的两个设计，CMOS 静态 RAM 的一个设计和 DRAM 的一个设计。此外还将介绍几种读出放大器和读/写电路。本节主要介绍存储单元设计中的一些基本概念，更高级的设计可参阅数字电路的高级教材。

2.9.1 NMOS SRAM 单元

静态 RAM 单元通过两个反相器的输入和输出交叉耦合进行设计。在用 NMOS 电路设计时，负载器件可以是耗尽型晶体管或多晶硅电阻，如图 2.74 所示。不管是哪种情况，两个反相器的输入和输出都通过交叉耦合构成一个基本触发器。例如，如果晶体管 M_1 导通，输出 Q 为低电平，即晶体管 M_2 截止。由于 M_2 截止，输出 $\bar{Q}$ 为高电平，确保 M_1 导通。于是，只要加偏置电压 V_{DD}，就可以维持这个静态。

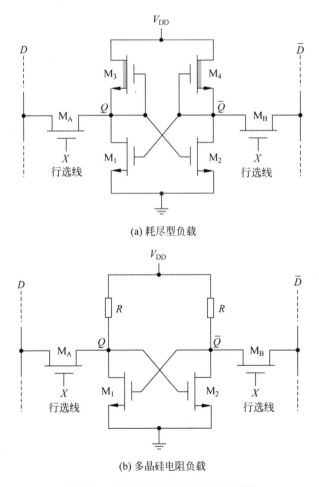

图 2.74 NMOS 静态 RAM 存储单元

为了存取(读或写)存储器单元中的数据,两个 NMOS 传输门晶体管 M_A、M_B 分别将存储器单元连接到两个互补的位线上。当字线信号即行选信号为低电平时,两个传输门晶体管均截止,存储器单元被隔离。只要不掉电,存储单元中的数据保持不变。当行选信号即字线信号变为高电平时,存储单元与两条互补的数据线连通,于是存储器单元中的数据可以被读出,或者可以向存储器单元重新写入新的数据。

功耗是 RAM 存储单元设计中的关键参数。在下面的例子中将会看到,用一个大阻值的电阻作负载,可以改善电路的设计。用离子注入对多晶硅进行精确掺杂,可以获得所需阻值的低掺杂多晶硅负载电阻。

例题 2.14 求解两个 NMOS SRAM 单元的电流、电压以及功耗。第一个设计使用耗尽型负载器件,第二个设计使用电阻负载器件。假设各参数为 $V_{DD}=3V$ 和 $k_n'=60\mu A/V^2$;驱动晶体管的 $V_{TND}=0.5V$ 和 $(W/L)_D=2$;负载晶体管的 $V_{TNL}=-1.0V$,$(W/L)_L=1/2$,$R=2M\Omega$。

解(耗尽型负载):假设图 2.74(a) 所示电路中的 M_2 截止,所以输出 $\bar{Q}=V_{DD}=3V$。M_1 处于非饱和区而 M_3 处于饱和区,于是 M_1 和 M_3 的漏极电流为

$$i_D = \frac{k_n'}{2} \cdot \left(\frac{W}{L}\right)_L (V_{GSL} - V_{TNL})^2 = \frac{60}{2} \times \frac{1}{2} \times [0-(-1)]^2$$

即 $i_D = 15\mu A$。

于是,该电路的功耗为

$$P = i_D \cdot V_{DD} = 15 \times 3 = 45\mu W$$

Q 输出的逻辑 0 电平为

$$i_D = \frac{k_n'}{2} \cdot \left(\frac{W}{L}\right)_D [2(V_{GSD} - V_{TND})V_{DSD} - V_{DSD}^2]$$

即

$$15 = \frac{60}{2} \times 2 \times [2(3-0.5)Q - Q^2]$$

求得 $Q = 50.5mV$。

解(电阻负载):同样假设图 2.74(b) 所示电路中的 M_2 截止,所以输出 $\bar{Q}=V_{DD}=3V$,M_1 处于非饱和区,晶体管的漏极电流可由下式求得

$$\frac{V_{DD}-Q}{R} = \frac{k_n'}{2} \cdot \left(\frac{W}{L}\right)_D [2(V_{GSD} - V_{TND})Q - Q^2]$$

即

$$\frac{3-Q}{2} = \frac{60}{2} \times 2 \times [2(3-0.5)Q - Q^2]$$

注意:此处等式左边除以 $M\Omega$ 与等式右边的 μA 相一致。

求得 $Q \approx 5mV$。

求得漏极电流为

$$i_D = \frac{V_{DD}-Q}{R} = \frac{3-0.005}{2} \approx 1.5\mu A$$

于是电路的功耗为

$$P = i_D \cdot V_{DD} = 1.5 \times 3 = 4.5\mu W$$

点评：可以看到，电阻负载 SRAM 单元的功耗是耗尽型负载 SRAM 单元的十分之一。由此，对于每块芯片的允许功耗，电阻负载的存储器可以比耗尽型负载的存储器大 10 倍。

练习题 2.14 设计一个电阻负载的 16K NMOS 静态 RAM。每个存储单元偏置在 $V_{DD}=2.5\text{V}$。假设晶体管的参数同例题 2.14，要求整个存储器的静态功耗不大于 125mW。求解每个存储单元的 R 值，满足指标要求。

答案：$R=0.82\text{M}\Omega$。

由于负载电阻 R 的值通常较大，存储器电路必须设计成不需要上拉电阻 R 的形式，稍后将会看到这类设计。实际上可以采用双层多晶硅技术将负载电阻制作在 NMOS 晶体管的上方，这样电阻负载存储单元就可以更加紧凑，存储器的密度可以更高。

2.9.2 CMOS SRAM 单元

图 2.75 所示为基本的六晶体管 CMOS SRAM 单元。两个 CMOS 反相器的输入和输出交叉耦合，以保证电路处于两个稳定状态之一。例如，当 $\bar{Q}$ 为低电平时，M_{N1} 截止，Q 为高电平，进而使 M_{P2} 截止，确保 $\bar{Q}$ 保持为低电平。同样，两个 NMOS 传输门晶体管将基本存储单元连接到两个互补的数据线上。

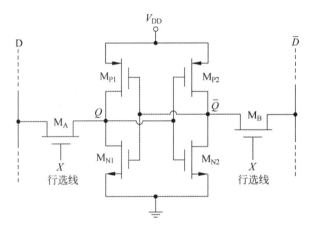

图 2.75 CMOS 静态 RAM 单元

与双极型或 NMOS 相比，CMOS 技术的传统优势在于低静态功耗、高噪声抑制、宽工作温度范围、陡传输特性以及宽供电电压范围。

由于 CMOS 电路在两种稳定状态时电源与地之间都不存在通路，它的功耗要比 NMOS 电路低很多。在标准的 CMOS 电路中，由于存储单元和外围电路的 P 沟道和 N 沟道晶体管串联，并且只有在状态转换时同时导通，因此只在开关时会有电流。这就使 SRAM 和 CMOS 存储器的待机功耗特别低，此时只有器件表面、结以及沟道漏电流。

图 2.76 给出一个更加复杂的 CMOS 静态 RAM 电路，它包括互补位线上的 PMOS 数据线上拉晶体管。当所有的字线信号均为零时，所有的传输晶体管截止。列电容相对较大的两个数据线通过列上拉晶体管 M_{P3} 和 M_{P4} 充电至电压 V_{DD}。

为了确定 CMOS SRAM 单元中晶体管的 (W/L) 比值，需要考虑两个基本条件。一是读操作不应破坏存储单元中的信息；二是写操作时应能修改存储单元中的数据。假设读操作时，存储单元中存储的信息为逻辑 $0(Q=0$ 且 $\bar{Q}=V_{DD})$。读操作之前的时刻，存储单元和

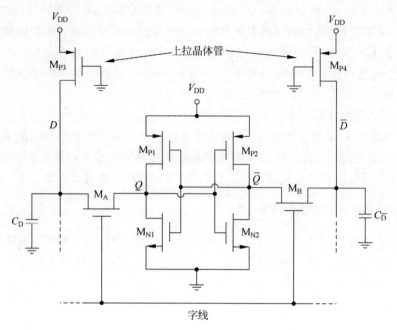

图 2.76 带 PMOS 上拉晶体管的 CMOS RAM 单元

数据线上的电压如图 2.77 所示。晶体管 M_{P1} 和 M_{N2} 截止，而晶体管 M_{N1} 和 M_{P2} 偏置在非饱和区。

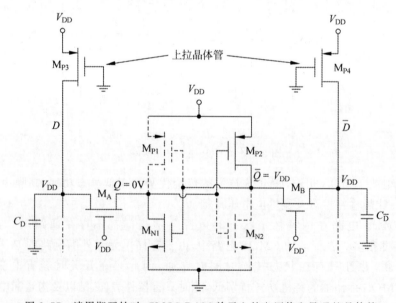

图 2.77 读周期开始时，CMOS RAM 单元上的电压值和导通的晶体管

当字选择信号作用到传输晶体管 M_A 和 M_B 时，由于传输晶体管 M_B 实际上还没导通，没有电流，数据线 $\overline{D}$ 上的电压不会有显著变化。而在存储单元的另一边，有电流流过 M_A 和 M_{N1}，使得数据线 D 上的电压下降，输出 Q 的电压从初值零开始上升。设计的关键点是 Q 点的电压不能升高到超过 M_{N2} 的开启电压，于是 M_{N2} 在读操作期间保持截止状态。这样

就保证了存储单元中的数据不会被改变。

当存储单元被选中后,由于线电容不能突变,可以假设数据线 D 上的电压保持为接近于 V_{DD}。传输晶体管 M_A 偏置在饱和状态,而晶体管 M_{N1} 偏置在非饱和区。令流过 M_A 和 M_{N1} 的漏极电流相等,可得

$$K_{nA}(V_{DD}-Q-V_{TN})^2 = K_{n1}[2(V_{DD}-V_{TN})Q-Q^2] \quad (2.81)$$

令设计极限值为 $Q=Q_{max}=V_{TN}$,则根据式(2.81),晶体管宽长比的关系为

$$\frac{(W/L)_{nA}}{(W/L)_{n1}} < \frac{2(V_{DD}T_{TN})-3V_{TN}^2}{(V_{DD}-2V_{TN})^2} \quad (2.82)$$

假设 $V_{DD}=3V$ 且 $V_{TN}=0.5V$,则 $(W/L)_{nA}/(W/L)_{n1}<0.56$,所以传输晶体管的宽长比应该大约为存储单元中 NMOS 晶体管的宽长比的一半。根据对称性,同样的结论适用于晶体管 M_{N2} 和 M_B。

下面分析写操作时的情况。假设存储的数据为逻辑 0,想要写入逻辑 1。图 2.78 给出写操作周期刚开始,存储单元被寻址时,CMOS SRAM 单元的初始电压值。晶体管 M_{P1} 和 M_{N2} 的初始状态为截止,而 M_{N1} 和 M_{P2} 偏置在非饱和区。传输晶体管导通前,存储单元的电压为 $Q=0$ 且 $\bar{Q}=V_{DD}$。数据线 D 上的电压保持在 V_{DD},互补数据线 $\bar{D}$ 被写电路置为逻辑 0。为便于分析,可以假设 $\bar{D}=0V$。鉴于式(2.82)所给出的条件,Q 的电压仍然保持为低于晶体管 M_{N2} 的开启电压,所以 Q 的电压不足以改变存储单元中的信息。为了改变存储状态,$\bar{Q}$ 的电压必须下降到低于 M_{N1} 的开启电压,使得 M_{N1} 截止。当 $\bar{Q}=V_{TN}$ 时,M_B 偏置在非饱和区,M_{P2} 偏置在饱和区。令漏极电流相等,有

$$K_{p2}(V_{DD}+V_{TP})^2 = K_{nB}[2(V_{DD}-V_{TN})V_{TN}-V_{TN}^2] \quad (2.83a)$$

整理可得

$$\frac{K_{p2}}{K_{nB}} < \frac{2(V_{DD}V_{TN})-3V_{TN}^2}{(V_{DD}+V_{TP})^2} \quad (2.83b)$$

考虑晶体管的宽长比,可得

$$\frac{(W/L)_{p2}}{(W/L)_{nB}} < \frac{k'_n}{k'_p} \cdot \frac{2(V_{DD}V_{TN})-3V_{TN}^2}{(V_{DD}+V_{TP})^2} \quad (2.84)$$

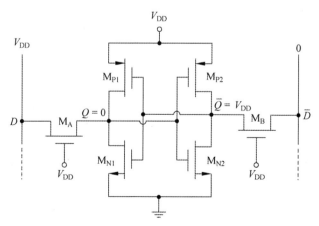

图 2.78 写周期开始时,CMOS RAM 存储单元中的电压值

假设 $V_{DD}=3V, V_{TN}=0.5V, V_{TP}=-0.5V, (k'_n/k'_p)=(\mu_n/\mu_p)=2$,可得 $(W/L)_{p2}/(W/L)_{nB}<0.72$。

根据前面的结果,如果假设传输晶体管的宽长比为存储单元中 NMOS 晶体管的一半,并假设存储单元中 PMOS 晶体管的宽长比为传输门晶体管的 0.7,则存储单元中 PMOS 晶体管的宽长比大约为 NMOS 晶体管的 0.35。

2.9.3 SRAM 读/写电路

图 2.79 所示为存储矩阵最后一列的读/写电路,其中写操作部分的电路如图 2.80(a) 所示。可以注意到,当该列未被选中时,M_3 截止,两条数据线的电压保持为预先充电得到的电压 V_{DD}。当 $X=Y=1$ 时,选中如图所示的一位存储单元。如果此时 $\overline{W}=1$,即不在写周期,M_1、M_2 均截止。当 $\overline{W}=0$ 且 $D=1$ 时,M_1 截止,M_2 导通,数据线 $\overline{D}$ 被拉低,而数据线 D 仍保持为高电平,存储单元中就写入了逻辑 1。如果 $\overline{W}=0$ 且 $D=0$ 时,则数据线 D 被拉

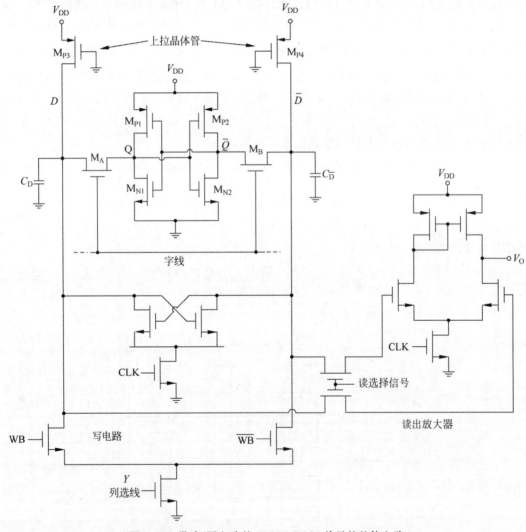

图 2.79 带读/写电路的 CMOS RAM 单元的整体电路

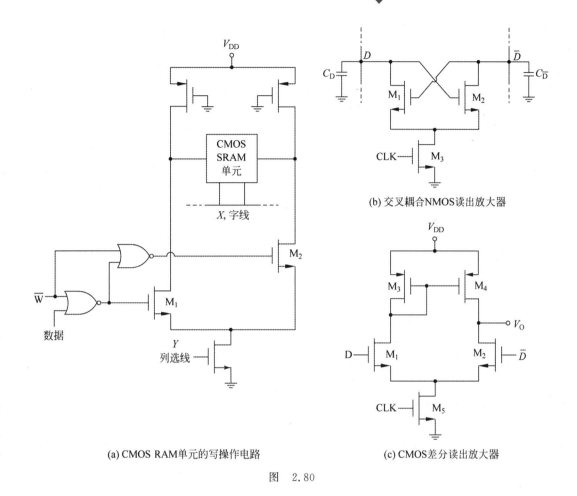

图 2.80

低,而数据线 $\bar{D}$ 仍保持为高电平,存储单元中就写入了逻辑0。

图 2.80(b)给出图 2.79 整体电路中用到的交叉耦合 NMOS 读出放大电路。该电路不产生输出信号,但可以放大位数据线上的微小差分信号。假设需要从存储单元中读取逻辑 1,当该存储单元被选中时,位数据线 D 为高电平,而位数据线 $\bar{D}$ 的电压开始下降,这意味着当 M_3 导通,M_1 比 M_2 容易导通,所以位线 $\bar{D}$ 的电压被拉低,晶体管 M_1 最终截止。

图 2.80(c)给出将存储单元的输出读出的差分放大电路。该读出放大器通过一对传输晶体管和位数据线相连,如图 2.79 所示。如果传输晶体管的输入信号也是列选信号的函数,则在此结构中,有一个主读出放大器可以读取多列数据,每次一列。当时钟信号为零时,差分放大电路中的晶体管 M_3 截止,M_1 和 M_2 的共源节点电平被拉高,即输出电压被拉高。当一个存储单元被选中且时钟信号变为高电平时,M_3 导通。当要读取的数据为逻辑 1 时,则位数据线 D 保持高电平,而位数据线 $\bar{D}$ 电压下降,此时晶体管 M_2 截止,输出电压保持为高电平。当要读取的数据是逻辑 0 时,位数据线 D 的电压下降,而位数据线 $\bar{D}$ 的电压保持为高电平,此时晶体管 M_1 截止,M_2 导通,所以输出电压变为低电平。

2.9.4 动态 RAM(DRAM)存储单元

刚刚讨论的 CMOS RAM,每个存储单元需要 6 个晶体管和 5 条连接线,包括和电源以及地的连接,所以每个存储单元需要占用很大的面积。如果每一个存储单元的面积可以减小,才可以制作更高密度的 RAM 矩阵。

在动态 RAM 存储单元中,通过电容上的电荷存储一位数据,电荷的有无决定存储位的值。由于漏电流将消除电容上的电荷,以电荷形式存储的数据不可能永久保持。于是,动态这个词是指为了保持存储的数据,需要以一定的周期进行刷新。

图 2.81 所示为单晶体管 DRAM 存储单元的一种设计,它包括一个传输晶体管 M_S 和一个存储电容 C_S。二进制信息存储方式如下,电容 C_S 上无电荷为逻辑 0,C_S 上有电荷为逻辑 1。通过字线信号 WL 使传输晶体管导通,从而选中一个存储单元,将 C_S 中的电荷传出至位数据线 BL 或将位数据线 BL 上的电荷传入 C_S。当 M_S 截止时,存储电容与电路的其他部分隔离,但由于流过传输晶体管的漏电流,C_S 上存储的电荷衰减。

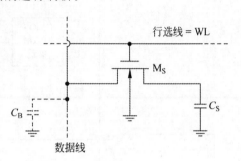

图 2.81 单晶体管动态 RAM 单元

2.6 节分析 NMOS 传输晶体管时详细讨论过这一效应。由于漏电流的存在,必须对存储单元进行定时刷新,以维持初始状态。

图 2.82 所示为检测动态 RAM 单元存储数据的读出放大器。放大器的一端为存储单元,其上要么充满电荷(逻辑 1),要么为空(逻辑 0),这取决于二进制数据的值。放大器的另一端是参考存储单元,即虚拟存储电容 C_R,其容量为存储电容的一半。于是 C_R 上的电荷为 C_S 上的逻辑 1 电荷的一半。利用一个交叉耦合动态锁存电路来检测很小的电压差,并恢复信号。电容 C_D 和 C_{DR} 分别表示相对比较大的位数据线和参考位数据线上的寄生电容。

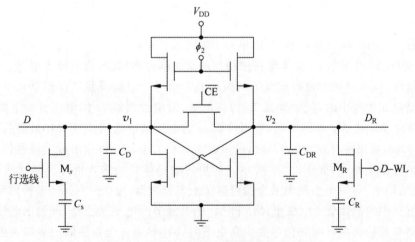

图 2.82 动态 RAM 单元数据读出放大器

静态时,读出放大器两侧的位数据线预充电至相同的电位。读周期时,地址信号 WL 和 D-WL 均变为高电平,使得存储单元中的电荷可以沿位数据线重新分配。电荷平衡以后,由于虚拟存储单元上的电荷为满电荷的一半,所以当存储单元存储的信息为逻辑 0 时,有 $v_1 < v_2$,而当存储信息为逻辑 1 时,有 $v_1 > v_2$。读出放大器检测并放大位数据线之间的电压差,并锁存存储单元中的逻辑电平。

理解测试题 2.16 晶体管 CMOS SRAM 存储单元偏置在 $V_{DD}=2.5V$。晶体管参数为 $V_{TN}=+0.4V, V_{TP}=-0.4V, (\mu_n/\mu_p)=2.5$。求解相对宽长比,使得在存储器读/写时满足式(2.81)到式(2.84)。

答案: $[(W/L)_{nA}/(W/L_{n1})]=0.526, [(W/L)_p/(W/L_{nB})]=0.862$。

理解测试题 2.17 单晶体管 DRAM 单元包含一个 0.05pF 的存储电容和一个开启电压为 0.5V 的 NMOS 晶体管。当数据线和行选线都抬高至 3V 时,向存储单元写入逻辑 1。读出电路允许存储电荷衰减到其初始值的 50%,每 1.5ms 刷新一次。求解允许存在的最大漏电流。

答案: $I=41.7pA$。

2.10 只读存储器

目标: 分析只读存储器(ROM)。

本节将讨论几个只读存储器的例子,目的是介绍这一类型的存储器。在 EPROM 和 EEPROM 中,重点是基本存储单元的特性。

2.10.1 ROM 和 PROM 单元

考虑两种类型的只读存储器。第一种为掩模 ROM,在最后的制作工艺中选择存储器件的连接线是保留还是取消,从而得到所需的存储模式。图 2.83 所示为一个 16×1 位的

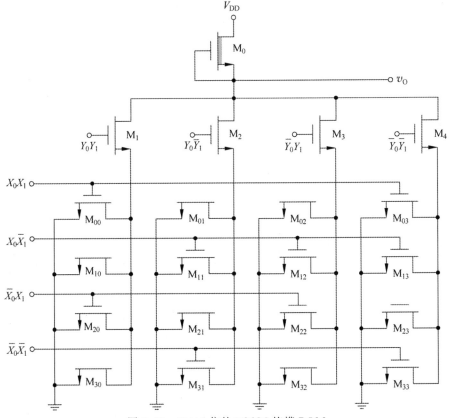

图 2.83 16×1 位的 NMOS 掩模 ROM

NMOS 掩模 ROM。16 个存储单元的每个位置上都制作了增强型 NMOS 晶体管（清晰起见，省略衬底连接）。而栅极连接只制作在选定的晶体管上。晶体管 $M_1 \sim M_4$ 为列选晶体管，M_0 为耗尽型负载晶体管。

输入 X_0、X_1、Y_0 和 Y_1 是行选和列选信号。例如，当 $X_0 = \overline{X}_1 = \overline{Y}_0 = Y_1 = 1$ 时，晶体管 M_{12} 被选中。该地址上的 M_{12} 和 M_3 导通，使输出变为逻辑 0。如果地址改变，比如变为 $\overline{X}_0 = X_1 = \overline{Y}_0 = \overline{Y}_1 = 1$，则晶体管 M_{23} 被选中，然而，该晶体管没有栅极连接，它永远不会导通，所以输出为逻辑 1。

这里讨论的掩模 ROM 只有 16×1 位，实际上通常使用存储位数更多的 ROM。ROM 根据需要有多种排列方式，例如 16KB 的 ROM 排列成 2048×8。由于掉电时所存储的数据不会丢失，ROM 是掉电非易失性存储器。

第二种 ROM 是用户可编程 ROM，它存储的数据矩阵由用户在 ROM 出厂之后确定，而不是在制作过程中固化。图 2.84 给出了这一类型 ROM 的示意图。每个晶体管的发射

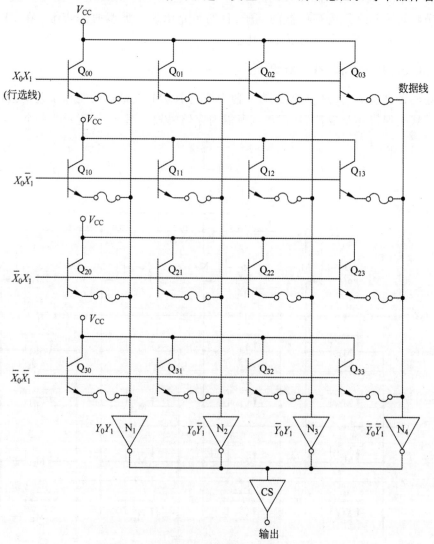

图 2.84　双极型熔丝连接用户可编程 ROM

极都串联了一根熔丝,用户可以选择将它"熔断"或保留。例如,假设 Q_{00} 的熔丝保留,当 $X_0=X_1=Y_0=Y_1=1$ 时,该晶体管被选中,Q_{00} 导通,使得 Q_{00} 发射极上的数据线电压变为高电平。反相器 N_1 的输入为逻辑 1,输出为逻辑 0;如果该晶体管中的熔丝被"熔断",则反相器的输入为逻辑 0,输出为逻辑 1。

NPN 双极型晶体管发射极的多晶硅熔丝阻抗很小,所以熔丝保留且电流较小时,熔丝上的压降很小。当流过熔丝的电流增加到 20～30mA 的范围时,多晶硅熔丝加热,使得温度升高。硅被氧化,形成绝缘体,有效切断数据线与发射极之间的通路。熔丝保留或熔断的双极型 ROM 电路构成永久的 ROM,它不可更改,同时也是掉电非易失性 ROM。

2.10.2 EPROM 和 EEPROM 单元

图 2.85 所示为一个 EPROM 晶体管。该晶体管有两个栅极,栅极 1 没有电气连接,为浮置栅。栅极 2 用作存储单元选择端,相当于 MOS 晶体管的单个栅极。

这种 EPROM 存储单元的工作原理是在浮置栅上存储电荷。假设开始时浮置栅上没有电荷,由于栅极 2、漏极和源极接地,栅极 1 的电位也为零。随着栅极 2 的电压增加,栅极 1 的电压也增加,但速率较低,该速率取决于电容分压器。总体效果是从栅极 2 可以看到,MOSFET 的开启电压提高。然而,当栅极 2 的电压上升到足够高(大约为正常开启电压的两倍)时,形成沟道。此时,在或非门存储阵列中,该单元存储了一个逻辑 0。

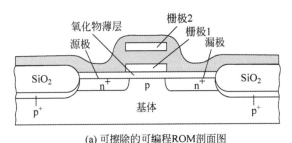

(a) 可擦除的可编程ROM剖面图

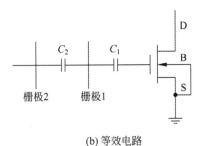

(b) 等效电路

图 2.85

为了向这个存储单元写入逻辑 1,需要将栅极 2 和漏极的电压升高到大约 25V,而源极和衬底保持为地电位。由晶体管的一般导通特性可知,此时会产生相当大的漏极电流。此外,漏极-衬底耗尽层的强电场,使得漏极-衬底 PN 结发生雪崩击穿,产生相当大的额外电流。在漏极耗尽区的强电场作用下,电子被加速到很高的速度,小部分电子穿过薄二氧化硅,到达栅极 1。当栅极 2 与漏极的电位降为零时,栅极 1 上的负电荷使其电位接近 −5V。当栅极 2 的读信号电压限制为 +5V 时,不会形成沟通,于是逻辑 1 就可以保存在存储单元中。

栅极 1 完全由绝缘性能很好的二氧化硅(SiO_2)包围,所以电荷可以保存数年。而通过用强紫外线(UV)照射存储单元,可以擦除数据。紫外线可以在 SiO_2 氧化层中产生电子-空穴对,使之轻微导电。这样就可以使浮置栅上的负电荷得以释放,使晶体管恢复到初始的未充电荷状态。为便于进行紫外线擦除,这些 EPROM 必须使用带透明石英盖板的封装,使得硅片能暴露在紫外线下。缺点是在重新编程之前,必须擦除掉所有的数据。通常,重新编程需要借助专门的设备,因此,操作时需要将 EPROM 从电路中取下。

在 EEPROM 中,可以单独对每个存储单元进行重新编程,而不会影响其他单元。最常用的 EEPROM 也采用浮置栅结构,图 2.86(a)所示为其中的一个例子。存储晶体管与一般的 N 沟道 MOSFET 类似,但栅极绝缘区域的物理结构不同。在浮置栅极上可以存储电荷,它将改变晶体管的开启电压。当浮置栅极上存在正电荷时,N 沟道 MOSFET 导通。反之,浮置栅极上为负电荷或者零电荷时,晶体管截止。

浮置栅通过厚度不大于 200Å 的隧道氧化物电容耦合到控制栅极。若控制栅加 20V 电压,且保持 $V_D=0$,则电子穿越隧道,从 N^+ 漏极到达浮置栅极,如图 2.86(b)所示。这就使得 MOSFET 工作在增强型模式,开启电压约为 10V,所以晶体管有效截止。若控制栅加 0V 电压,且漏极加 20V 电压,则电子穿越隧道,从浮置栅极到达 N^+ 漏极,如图 2.86(c)所示。这使得浮置栅上留下正电荷,使晶体管工作在耗尽型模式,开启电压约为 -2V,所以晶体管有效导通。如果在读周期内,所有电压均保持在 5V 以内,则在此结构下,电荷能够存储很多年。

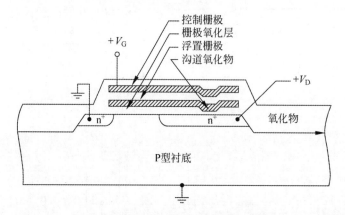

(a) 电可擦除可编程ROM浮置栅的剖面图

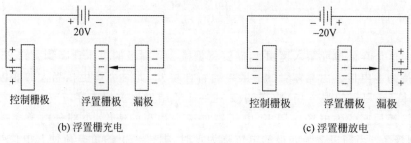

(b) 浮置栅充电 　　　　　　　　　(c) 浮置栅放电

图 2.86

2.11 数据转换器

目标：讨论模-数(A/D)和数-模(D/A)转换器的基本概念。

大多数物理信号都以模拟的形式存在。这些信号包括，音响和说话的声音、传感器电路的输出信号等。可以进行模拟信号处理，例如对麦克风的输出进行放大，然后传输给扬声器。然而，很多时候需要数字信号处理，例如将模拟信号转换成数字信号，然后传输给卫星接收器。因此，A/D 转换器和 D/A 转换器是一类非常重要的集成电路。

2.11.1 A/D 和 D/A 的基本概念

本节将简要介绍 A/D 和 D/A 转换中所用到的一些基本概念。图 2.87 给出 A/D 和 D/A 转换器的方框图。A/D 转换器的输入为模拟信号 v_A，输出则是 N 位的数字信号，可以表示为

$$v_D = \frac{b_1}{2^1} + \frac{b_2}{2^2} + \frac{b_3}{2^3} + \cdots + \frac{b_N}{2^N} \tag{2.85}$$

其中，b_1、b_2 等是各位的系数，为 1 或者 0。b_1 为最高位(MSB)，b_N 为最低位(LSB)。D/A 转换器的输入为 N 位数字信号，输出为模拟信号 v'_A。理想情况下，输出信号 v'_A 与输入信号 v_A 严格相等。

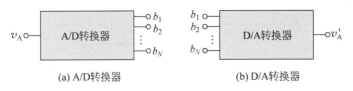

(a) A/D转换器　　(b) D/A转换器

图 2.87　方框图表示

模拟信号需要转换为式(2.85)所示的数字信号。例如，一个模拟信号电压 v_A 的电压范围为 $0 \leqslant v_A \leqslant 5V$。假设数字信号为 6 位字，它可以表示 64 个离散值。于是，将模拟信号分为 64 个值，每一位表示 $5V/64 = 0.078125V$。图 2.88 所示为模-数转换的形象表示。

例如，当模拟输入电压为 $v_A = \frac{5}{64}$ V 时，数字输出为 000001；当模拟电压为 $v_A = 2\left(\frac{5}{64}\right)$ V 时，数字输出为 000010。而当输入电压的范围为 $\frac{1}{2}\left(\frac{5}{64}\right)$V $< v_A <$ $\frac{3}{2}\left(\frac{5}{64}\right)$V 时，数字输出恒为 $v_D = 000001$。A/D 转换中存在固有的量化误差。更多的数字位数可以减小量化误差，但需要更复杂的电路。

D/A 转换器的输出存在同样影响。由于数字输入信号以离散步长或增量的形式出现，输出信号也将是离散步长或增量的形式。图 2.89 给出一个示例。输出信号 v'_A 为阶梯形式。通常，输出信号将通过一个低通滤波器进行平滑滤波，产生如图中虚线所示信号 v''_A。目标是使 v''_A 尽可能地接近原始信号 v_A。

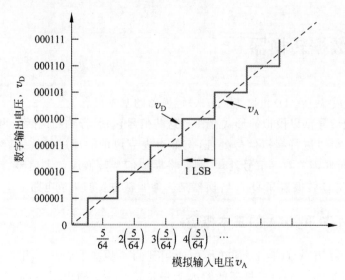

图 2.88 6 位 A/D 转换器的数字输出与模拟输入

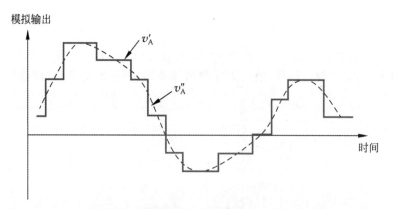

图 2.89 D/A 转换器的离散模拟输出 v'_A 和滤波后的输出 v''_A 随时间变化曲线

2.11.2 数-模转换器

下面介绍两种基本的 D/A 转换器,了解这些电路中所使用的技术。

1. 4 位权电阻网络 D/A 转换器

方便起见,图 2.90 中给出了 4 位 D/A 转换器电路图。电路为一个求和放大器,包括参考电压 V_R、4 个输入权电阻、4 个开关以及 1 个带有反馈电阻的运算放大器。当 $R_F = 10\text{k}\Omega$ 时,输出电压为

$$v_O = \left(\frac{b_1}{2} + \frac{b_2}{4} + \frac{b_3}{8} + \frac{b_4}{16}\right) \times 5\text{V} \tag{2.86}$$

决定电路精度的一个因素是输入权电阻和反馈电阻的精度。随着位数的增加,更低位输入权电阻的阻值增加。由于大电阻的精度很难保证,所以这类 D/A 转换器电路的输入位数一般限制为 4 位。

决定 D/A 转换器精度的另外一个因素是开关精度。例如,图 2.91 所示为电流开关,图

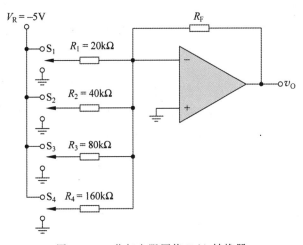

图 2.90　4 位权电阻网络 D/A 转换器

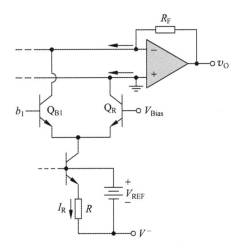

图 2.91　权电阻网络 D/A 转换器中最高位的电流开关示例

中仅给出最高位(MSB)。如果 b_1 位为逻辑 1($>V_{Bias}$),则 Q_{B1} 导通而 Q_R 截止,电流 I_R 流经 Q_{B1};如果 b_1 位为逻辑 0($<V_{Bias}$),则 Q_{B1} 截止而 Q_R 导通,电流 I_R 流向地。由于虚地,所以 Q_{B1} 和 Q_R 的集电极电压基本相等。

为了使电路正常工作,所有晶体管的基极-发射极间电压必须相等。由于更低位的电流更小,它们的基极-发射极面积必须减小,以保证电流密度相等。于是,图 2.91 所示的电路中,基极-发射极面积需要一个较大的范围,同样,输入权电阻值也需要一个很大范围。

2. R-2R T 形网络 D/A 转换器

为了避免前述 D/A 转换器的输入权电阻取值差别太大的缺点,可以使用 R-2R T 形电阻网络。观察图 2.92 所示电路。假设开关是理想的,根据虚地的概念,每个电阻中的电流均为常数。

分析电路中的节点 X,注意到其中标注的电阻 R_X 为 $R_X = 2R$,而且图中所标示的每个节点处的电阻均为 $2R$。流入每个节点的电流被均分,如节点 X 所示,有 $I_{N-1} = \frac{1}{2} I_N - 2$。

电路中的每个节点都如此,因此,有

$$I_1 = 2I_2 = 4I_3 = \cdots = 2^{N-2}I_{N-1} = 2^{N-1}I_N \tag{2.87}$$

令反馈电阻 $R_F = R$,则输出电压为

$$v_O = (-V_{REF})\left(\frac{b_1}{2} + \frac{b_1}{4} + \cdots + \frac{b_N}{2^N}\right) \tag{2.88}$$

图 2.92 所示电路只需要两种电阻值,这些电阻可以保持较好的容差。

除了本教材涉及的,还有很多其他 D/A 转换器设计。这里通过简短讨论,对 D/A 转换器设计进行简要介绍。

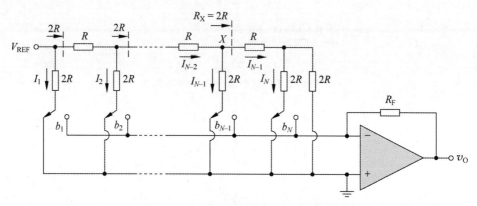

图 2.92　R-2R N 位 T 形网络 D/A 转换器示例

2.11.3　模-数转换器

与 2.11.2 节类似,本节将介绍几种基本的 A/D 转换器,并了解这些电路中所使用的技术。

1. 并联型或闪速 A/D

并联型 A/D 转换器,即闪速 A/D 转换器是原理最为简单、转换速度最快的 A/D 转换器。图 2.93 所示为 3 位闪速 A/D 转换器。模拟输入信号 v_A 加在 7 个比较器的同相端,参考电压加在梯形电阻网络上,梯形网络的输出加到比较器的反相端。

梯形网络的总电阻值为 $8R$,所以 $V_{REF}/(8R)$ 代表 1LSB 的电流。最小输出电压为

$$v_1 = \frac{V_{REF}}{8R}\left(\frac{R}{2}\right) = \frac{V_{REF}}{16} \tag{2.89}$$

它代表 $\frac{1}{2}$LSB。第二个输出电压为

$$v_2 = \frac{V_{REF}}{8R}\left(\frac{3R}{2}\right) = 3 \times \frac{V_{REF}}{16} \tag{2.90}$$

它代表 $1\frac{1}{2}$LSB。

如果模拟输入 $v_A < \frac{1}{2}$LSB,则所有比较器的输出均为低电平。当模拟输入为 $\frac{1}{2}$LSB$<v_A<1\frac{1}{2}$LSB 时,第一个比较器的输出变为高电平。随着模拟输入电压的增加,输出为高电

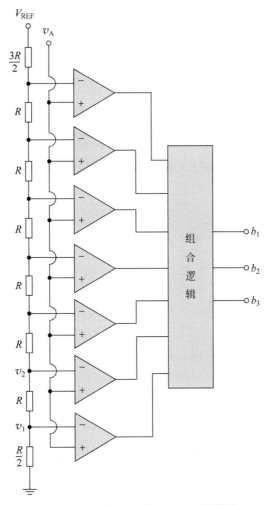

图 2.93 3 位并联型或闪速 A/D 转换器

平的比较器数目也将增多。组合逻辑网络产生所需的 3 位输出字。可以在一个时钟周期内完成一次完整转换。闪速 A/D 转换器的缺点是随着输出位数的增加,所需电阻和比较器个数迅速增多,可以看到,需要 2^N 个电阻和 2^N-1 个比较器。于是,对于 10 位的 A/D 转换器,就需要 1024 个电阻和 1023 个比较器。不过,10 位分辨率的闪速 A/D 转换器已经制作成集成电路。

2. 计数型 A/D 转换器

第二种 A/D 转换器为计数型转换器。系统包括一个比较器、一个计数器和一个反馈连接的 D/A 转换器,如图 2.94(a)所示。简化起见,图中未给出其他的控制电路。

开始时,计数器的输出置为零,D/A 转换器的输出置为 $v_O=\frac{1}{2}\text{LSB}$。当加模拟输入信号 v_A 时,比较器的输出为高电平 $\left(\text{除非}\ v_A<\frac{1}{2}\text{LSB}\right)$,使得计数器开始计数。然后,在每个时钟脉冲作用下,计数器的输出加 1,产生 N 位的数字输出。当 D/A 转换器的输出刚好大于模拟输入电压时,比较器的输出为低电平,计数器停止计数。此时的 N 位数字输出与模

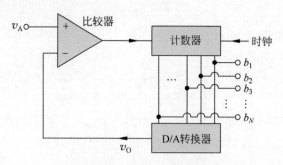

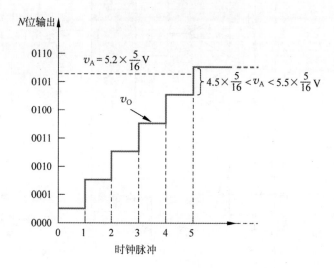

(a) 计数型A/D转换器的方框图

(b) 在特定输入电压下,4位计数型A/D转换器的时序图

图 2.94

拟输入电压 v_A 相对应。

图 2.94(b)给出 4 位数字输出的计数型 A/D 转换器时序图。假设模拟输入信号的范围为 $0 \leqslant v_A \leqslant 5V$,则 1LSB 对应 $\frac{5}{16}V$。

假设模拟输入信号为 $v_A = 5.2 \times \frac{5}{16}V$,D/A 转换器的初始输出为 $v_O = \frac{1}{2}LSB$。包含这个偏移电压后,最大量化误差为 $\pm \frac{1}{2}LSB$。由图 2.94(b)可以看出,第 5 个时钟脉冲过后,D/A 转换器的输出为

$$v_O = \frac{1}{2} \times \frac{5}{16} + 5 \times \frac{5}{16} = 5.5 \times \frac{5}{16}V \tag{2.91}$$

它比 v_A 大,于是,计数器停止计数,数字输出为 0101。可以看出,数字输出对应的电压是 $5 \times \frac{5}{16}V$,它和输入模拟电压的偏差在 $\frac{1}{2}LSB$ 以内。

为了完成整个转换过程,时钟必须经历完整周期。对于 4 位输出,需要 16 个时钟周期。

3. 双积分型 A/D 转换器

另一种类型的 A/D 转换器为图 2.95(a) 所示的双积分型 A/D 转换器。它主要应用于高精度数据采集系统，例如实现 20 位的转换。

从图 2.95(a) 可以看出，当 $t=0$ 时，复位开关 S_1 断开，积分器的输入信号为负电压 $(-v'_A)$。输入信号 v'_A 是模拟信号 v_A 的采样信号，在整个转换过程中保持为常量。积分器正的输出信号 v_{O1} 是时间的线性函数，如图 2.95(b) 所示。信号的斜率与 v'_A 的值成正比，这部分转换过程持续一段固定的时间 T_1，T_1 时刻计数器达到最大值并溢出。

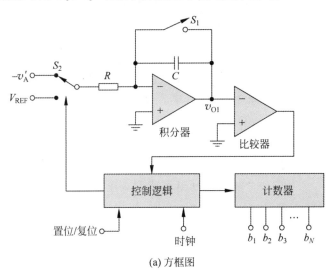

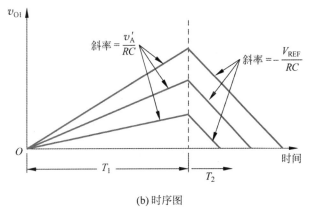

图 2.95 双斜率积分型 A/D 转换器

此时，输入开关 S_2 切换至正输入参考电压 V_{REF}。积分器的输出从 T_1 时刻的峰值输出电压开始，以负的斜率下降。计数器复位后开始重新计数，直到输出电压 v_{O1} 下降为零。

时间 T_2 与 T_1 和 v'_A 有关，

$$T_2 = T_1 \left(\frac{v'_A}{V_{REF}} \right) \tag{2.92}$$

T_2 时刻计数器的读数为

$$n = 2^N \left(\frac{v'_A}{V_{REF}} \right) \tag{2.93}$$

于是，计数器的输出为 v'_A 的数字等效量。

双积分型 A/D 转换器的输出与 R 和 C 的实际值无关，因此非常精确。这类转换器的缺点是转换时间太长。时间 T_1 需要 2^N 个时钟周期，时间 T_2 的最大值可能也需要 2^N 个时钟周期。例如，一个 12 位 A/D 转换器，总共需要 8192 个时钟周期。若时钟频率为 1MHz，则相应的转换时间为 8.2ms。

2.12 设计应用：一个静态 CMOS 逻辑门

(1) **目标**：设计一个静态 CMOS 逻辑门，实现特定的逻辑功能。

(2) **设计指标**：需要设计一个静态 CMOS 逻辑门，实现一个 3 输入奇偶校验电路。当输入信号中有奇数个高电平时，输出高电平。设计每个晶体管的尺寸，使得开关速度与 $W_n=W$ 和 $W_p=2W$ 的基本 CMOS 反相器相同。要求 NMOS 下拉电路和 PMOS 上拉电路中所使用的晶体管数量最少。

器件选择：假设可提供输入信号 A、B、C 以及其互补信号 $\bar{A}$、$\bar{B}$、$\bar{C}$。

解（逻辑函数）：当其中一个输入为高电平或者 3 个输入全为高电平时，逻辑门的输出为高电平。例如，当输入为 $A=1$ 且 $B=C=0$ 时，输出为高电平。于是，当 $A\bar{B}\bar{C}=1$ 时，输出为高。考虑其他可能的情况，可以写出逻辑函数为

$$F = A\bar{B}\bar{C} + \bar{A}B\bar{C} + \bar{A}\bar{B}C + ABC \tag{2.94}$$

解（NMOS 下拉部分）：图 2.96(a) 给出的是由式 (2.94) 所示逻辑函数得到的逻辑门的基本 NMOS 下拉部分电路。可以看到，前两列底部的两个晶体管有共同的输入信号 $\bar{C}$，而

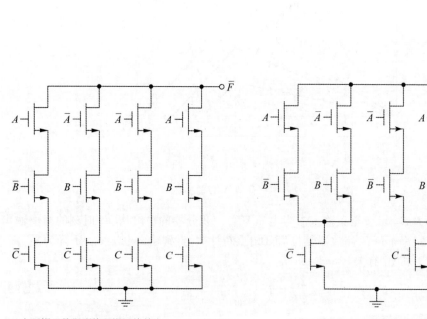

(a) 由逻辑函数得到的逻辑门的基本NMOS下拉部分　　(b) 设计应用中改进的逻辑门的NMOS下拉部分

图 2.96

最后两列底部的两个晶体管有共同的输入信号 C。有相同输入的晶体管可以合并为单个晶体管,于是,NMOS 下拉部分电路的最终设计如图 2.96(b)所示。

为了使电路的 NMOS 部分工作在下拉模式,3 个串联的 NMOS 晶体管必须导通。为了使这个电路与 CMOS 反相器中的 NMOS 晶体管等效,每个 NMOS 晶体管的宽度必须为 $W_n = 3W$。

解(PMOS 上拉部分):图 2.97(a)给出逻辑门的基本 PMOS 上拉部分电路,它与图 2.97(a)所示的 NMOS 电路互补。由图可见,电路右侧的两个晶体管有共同的输入信号 C 和 $\bar{C}$。每对晶体管串联,可以用单个晶体管代替,所得到的电路如图 2.97(b)所示。于是,完整的 3 输入奇偶校验电路为图 2.96(b)和图 2.97(b)电路的组合,同时在输出加一个 CMOS 反相器。

点评:由逻辑函数可以获得基本的逻辑电路,而在设计中可以对电路做一些简化。当然,也可以在基本逻辑函数中做此类简化。

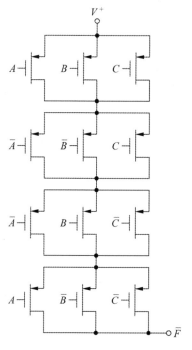
(a) 逻辑门中与基本NMOS下拉电路互补的
基本PMOS上拉部分电路

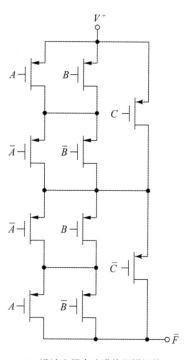
(b) 设计应用中改进的逻辑门的
PMOS上拉部分电路

图 2.97

2.13 本章小结

1. 总结

(1) 本章对 NMOS 和 CMOS 数字逻辑电路进行分析和设计,这些电路包括基本逻辑门、移位寄存器、触发器以及存储器。

(2) NMOS 反相器是基本的 NMOS 逻辑电路。分析了电阻负载、增强型负载和耗尽型负载 NMOS 反相器的准静态电压传输特性。

(3) 分析了基本的 NMOS 或非门和与非门。通过将驱动晶体管串、并联，可以实现更复杂的逻辑函数。

(4) CMOS 反相器是基本的 CMOS 逻辑电路，讨论了其准静态电压传输特性。对 CMOS 逻辑电路而言，输入为任一种逻辑状态时，静态功耗几乎为零。

(5) 分析了基本的 CMOS 与非门和或非门电路。对更复杂的 CMOS 逻辑电路进行了分析和设计。通过设计晶体管的宽长比，使 NMOS 下拉电路和 PMOS 上拉电路的驱动电流相等。

(6) 可以设计带时钟的 CMOS 逻辑电路，以减少所需 PMOS 晶体管数目。在带时钟的 PMOS 和 NMOS 晶体管之间插入一般的 NMOS 逻辑电路。它保留了静态低功耗低的优点。

(7) 对移位寄存器、触发器以及一位全加器等时序逻辑电路进行了分析。

(8) 研究了存储器电路的完整分类。在 NMOS SRAM 中，静态功耗在存储单元中持续消耗，由于整个芯片的功耗限制，存储器的大小受到限制。CMOS SRAM 的最大优点是静态功耗几乎为零。CMOS 存储器的大小通常只受芯片面积大小的限制。

(9) 只读存储器(ROM 和 PROM)存储固定的数据，由制造商或用户实现数据写入。在每种情况下，存储的数据都不能更改。EPROM 和 EEPROM 存储单元包含带浮置栅的 MOSFET，根据要存储的信息是 1 还是 0，用户给浮置栅极充上电荷或者不充电荷。

(10) 讨论了 A/D 和 D/A 转换器中所使用的基本概念，分析了几种 A/D 和 D/A 转换电路示例。

(11) 作为一个应用，设计了一个静态 CMOS 逻辑电路，实现特定的逻辑功能。

2. 检查点

通过本章学习，读者应该具备以下能力：

(1) 分析 NMOS 反相器的传输特性，包括确定其噪声容限。

(2) 设计 NMOS 逻辑电路，实现指定的逻辑函数。

(3) 分析 CMOS 反相器的传输特性，包括确定其开关功耗和噪声容限。

(4) 设计 CMOS 逻辑电路，实现指定的逻辑功能。

(5) 设计带时钟的 CMOS 逻辑电路，实现指定的逻辑功能。

(6) 设计 NMOS 或 CMOS 传输网络，实现指定的逻辑功能。

(7) 设计 NMOS 或 CMOS RAM 单元，并设计简单的读出放大电路。

(8) 分析 D/A 转换器中使用的 R-2R T 形电阻网络。

(9) 描述 3 位闪速 A/D 转换器的特性，并描述双积分型 A/D 转换器的工作原理。

3. 复习题

(1) 画出耗尽型负载 NMOS 反相器的准静态电压传输特性。改变晶体管的宽长比 W/L 对传输特性有何影响？

(2) 画出 3 输入 NMOS 或非逻辑门电路。阐述其工作原理，讨论在何种情况下可以获得逻辑 0 电平的最大值。

(3) 讨论如何使用单个 NMOS 逻辑电路实现比基本或非门和与非门更复杂的逻辑

函数。

（4）画出 CMOS 反相器的准静态电压传输特性。用不同的晶体管偏置讨论各区间。改变晶体管宽长比 W/L 对传输特性有何影响？与 NMOS 反相器相比，CMOS 反相器有何优点？

（5）讨论影响 CMOS 反相器开关功耗的参数。

（6）定义 CMOS 反相器的噪声容限。

（7）画出 3 输入端 CMOS 与非逻辑门。阐述其工作原理。确定使得上拉和下拉开关时间相等的晶体管的相对 W/L 值。

（8）讨论如何使用单个 CMOS 逻辑电路实现比基本或非门和与非门更复杂的逻辑函数。

（9）讨论带时钟的 CMOS 逻辑电路的基本工作原理。

（10）画出 NMOS 传输门，阐述其工作原理。最大输出电压为多少？

（11）画出 CMOS 传输门，阐述其工作原理。为什么准静态输出电压总是等于准静态输入电压？

（12）讨论传输晶体管逻辑的含义。

（13）如果 NMOS 或 CMOS 传输门截止（开关打开），讨论为什么通常输出电压不稳定。

（14）画出 NMOS 动态移位寄存器，并描述其工作原理。

（15）画出 CMOS R-S 触发器，阐述其工作原理。为什么必须避免输入信号为 $R=S=1$？

（16）描述半导体随机存储器的基本结构。

（17）画出 CMOS SRAM 存储单元，阐述其工作原理，并讨论这个设计的优缺点，描述存储单元是如何寻址的。

（18）画出单晶体管 DRAM 存储单元，阐述其工作原理。为什么电路是动态的？

（19）描述掩模 MOSFET ROM 存储器。

（20）描述浮置栅 MOSFET 的工作原理，并说明它如何用于可擦除 ROM。

习题

（注：在下列习题中，除非另作说明，均假设晶体管参数为 $V_{TNO}=0.5\text{V}, V_{TPO}=-0.5\text{V}$，$k'_n=100\mu\text{A/V}^2, k'_p=40\mu\text{A/V}^2$。除非特别说明，均忽略衬底的基体效应，假设温度为 $T=300\text{K}$。）

1. NMOS 反相器

2.1 图 2.3(a)所示的 NMOS 反相器的负载电阻为 $R_D=40\text{k}\Omega$。电路的偏置电压为 $V_{DD}=3.3\text{V}$。①设计晶体管的宽长比，使得当 $v_I=3.3\text{V}$ 时，$v_O=0.1\text{V}$。②利用①的结果，求解晶体管的转移点。③利用①的结果，求解反相器中的最大电流和最大功耗。

2.2 图 2.3(a)所示的电路偏置在 $V_{DD}=3.3\text{V}$。假设晶体管的传导参数为 $K_n=50\mu\text{A/V}^2$。①令 $R_D=100\text{k}\Omega$，求解晶体管的转移点及 $v_I=3.3\text{V}$ 时的 v_O。②当 $R_D=30\text{k}\Omega$ 时，重复①。③当 $R_D=5\text{k}\Omega$ 时，重复①。

2.3 ①重新设计图2.3(a)中的电阻负载反相器,使得当$V_{DD}=3.3\text{V}$时的最大功耗为0.25mW,且当输入为逻辑1时,$v_O=0.15\text{V}$。②利用①的结果,求解当晶体管偏置在饱和区时的输入电压范围。

2.4 ①设计图2.5(a)所示的饱和负载反相器电路,使得功耗为0.30mW,且当$v_I=1.4\text{V}$时,输出电压为0.08V。电路的偏置电压为$V_{DD}=1.8\text{V}$,每个晶体管的开启电压为$V_{TNO}=0.4\text{V}$。②利用①的结果,求解驱动晶体管偏置在饱和区时的输入电压范围。

2.5 图2.5(a)所示的饱和负载NMOS反相器电路,偏置电压$V_{DD}=3\text{V}$,晶体管的开启电压为0.5V。①求解比值K_D/K_L,使得$v_I=3\text{V}$时,$v_O=0.25\text{V}$。②当$v_I=2.5\text{V}$时,重复①。③如果负载晶体管的$W/L=1$,求解①和②中反相器的功耗。

2.6 图2.5(a)所示的饱和负载NMOS反相器,令$V_{DD}=3\text{V}$。①设计电路,使得电路的功耗为$400\mu\text{W}$,且当输入为逻辑1时,输出电压为0.10V。②求解驱动晶体管的转移点。

2.7 图2.5(a)所示的饱和负载NMOS反相器的电源电压为V_{DD},MOSFET的开启电压$V_{TN}=0.2V_{DD}$。求解$(W/L)_D/(W/L)_L$,使得$v_O=0.08V_{DD}$。忽略衬底的基体效应。

2.8 图2.98所示NMOS反相器的增强型负载晶体管有单独的栅极偏置电压。假设驱动晶体管M_D的参数为$K_n=1\text{mA/V}^2$,负载晶体管M_L的参数为$K_n=0.4\text{mA/V}^2$,两个晶体管的开启电压均为$V_{TN}=1\text{V}$。利用合适的逻辑0和逻辑1输入电平,求解以下情况的V_{OH}和V_{OL}:①$V_B=4\text{V}$;②$V_B=5\text{V}$;③$V_B=6\text{V}$;④$V_B=7\text{V}$。

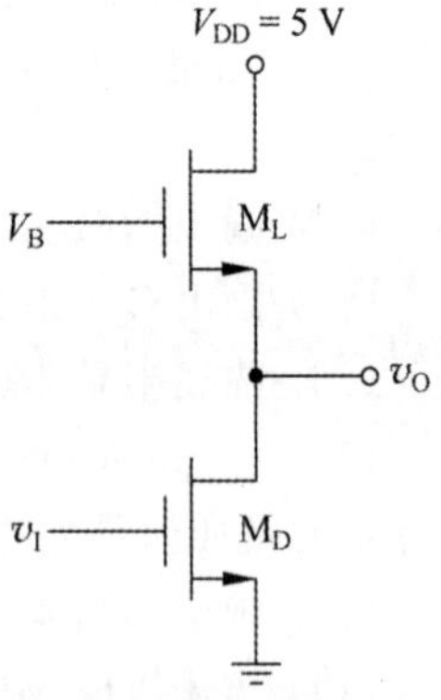

2.9 图2.7(a)所示的耗尽型负载NMOS反相器中,假设$V_{DD}=3.3\text{V}$,$V_{TND}=0.5\text{V}$,$V_{TNL}=-0.8\text{V}$,$K_D=500\mu\text{A/V}^2$,$K_L=100\mu\text{A/V}^2$。①求解负载晶体管和驱动晶体管的转移点。②求解$v_I=3.3\text{V}$时的v_O。③求解电路中的最大电流和最大功耗。

图2.98 习题2.8

2.10 图2.7(a)所示的耗尽型负载NMOS反相器电路中,令$V_{TND}=0.5\text{V}$,$V_{DD}=3\text{V}$,$K_L=50\mu\text{A/V}^2$,$K_D=500\mu\text{A/V}^2$。计算V_{TNL}的值,使得当$v_I=3\text{V}$时,$v_O=0.10\text{V}$。

2.11 图2.7(a)所示的耗尽型负载NMOS反相器中,令$V_{DD}=1.8\text{V}$,$V_{TND}=0.3\text{V}$,$V_{TNL}=-0.6\text{V}$。①设计电路,使得功耗为$80\mu\text{W}$,且当输入为逻辑1时,输出电压为$v_O=0.06\text{V}$。②利用①的结果,求解驱动晶体管和负载晶体管的转移点。③如果①中求得的$(W/L)_D$加倍,求解反相器的最大功耗以及v_I为逻辑1时的v_O。

2.12 图2.7(a)所示的耗尽型负载NMOS反相器中,假设$V_{DD}=2.5\text{V}$,晶体管参数为$V_{TND}=0.5\text{V}$,$V_{TNL}=-1\text{V}$。负载晶体管的宽长比$W/L=1$。①设计驱动晶体管,使得输入为逻辑1时,$v_O=0.05\text{V}$。②求解输入电压$v_I=2.5\text{V}$时电路的功耗。

2.13 计算图2.99所示的各反相器在如下输入条件的功耗:①对反相器a:v_I分别为0.5V,5V;②对反相器b:v_I分别为0.25V,4.3V;③对反相器c:v_I分别为0.03V,5V。

2.14 对于图2.100所示的两个反相器电路,假设负载晶体管的宽长比为$(W/L)_L=1$,驱动晶体管的宽长比为$(W/L)_D=10$。①求解当v_I为逻辑1时,v_{O1}和v_{O2}的值。②当v_I为逻辑0时,重复①。

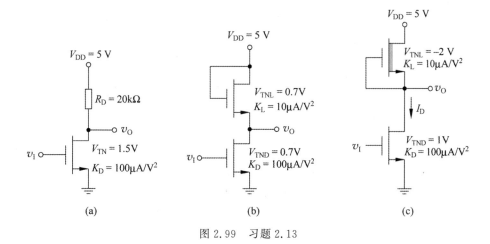

图 2.99 习题 2.13

2.15 在图 2.101 所示电路中,假设驱动晶体管的参数为 $V_{TND}=0.8V,(W/L)_D=4$;负载晶体管参数为 $V_{TNL}=-1.2V,(W/L)_L=1$。①求解当 v_I 为逻辑 1 时,v_{O1} 和 v_{O2} 的值。②当 v_I 为逻辑 0 时,重复(a)。

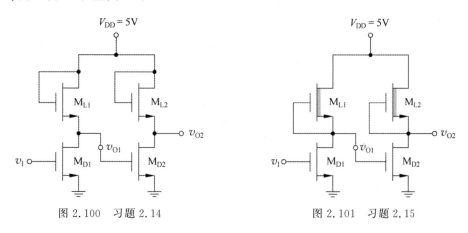

图 2.100 习题 2.14   图 2.101 习题 2.15

2.16 在图 2.9(a)所示的增强型负载 NMOS 反相器中,假设两个晶体管参数为 $V_{TNDO}=V_{TNLO}=0.5V, K_D=200\mu A/V^2, K_L=20\mu A/V^2, \gamma=0.25V^{1/2}, \phi_{fp}=0.35V$。求解下列情况中,当 $v_I=0.12V$ 时的 v_O:①忽略衬底的基体效应,②考虑衬底的基体效应。

2.17 在图 2.9(b)所示的耗尽型负载 NMOS 反相器电路中,假设晶体管参数为 $V_{TNDO}=0.4V, V_{TNLO}=-0.6V, K_D=100\mu A/V^2, K_L=20\mu A/V^2, \gamma=0.25V^{1/2}, \phi_{fp}=0.35V$。求解当 $v_O=1.25V$ 时的 v_I:①忽略衬底的基体效应,②考虑衬底的基体效应。

2. NMOS 逻辑电路

2.18 在图 2.102 所示的带耗尽型负载器件的电路中,①令 $v_X=1.8V$ 且 $v_Y=0.1V$,设计 K_D/K_L,使得 $v_O=0.1V$。②利用①的结果,求解当 $v_X=v_Y=1.8V$ 时的 v_O。③如果耗尽型器件的宽长比 $(W/L)_L=1$,求解①和②中所列输入条件下逻辑电路的功耗。

2.19 在图 2.103 所示的 3 输入端或非门电路中,晶体管参数为 $V_{TNL}=-1V, V_{TND}=0.5V$。$v_O$ 为逻辑 0 时,输出的最大电压为 0.1V。①计算 K_D/K_L。②求解使或非逻辑门的

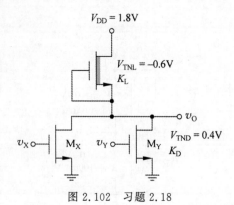

图 2.102 习题 2.18

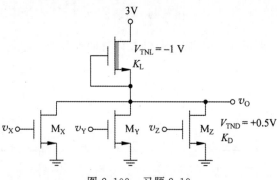

图 2.103 习题 2.19

最大功耗为 0.10mW 时的晶体管宽长比。③求解当 $v_X=v_Y=v_Z=3V$ 时的 v_O。

2.20 考虑一个与图 2.103 所示电路类似的 4 输入 NMOS 或非门。假设 $V_{DD}=2.5V$，$V_{TND}=0.4V$，$V_{TNL}=-0.6V$。当输出为逻辑 0 时，v_O 的最大值为 50mV。①求解 K_D/K_L 的值。②求解使或非逻辑门的最大功耗为 50μW 时，各晶体管的宽长比。③求解下列输入条件时的 v_O 值：两个输入为逻辑 1；3 个输入为逻辑 1；所有输入均为逻辑 1。

2.21 图 2.104 所示的电路中，晶体管参数为：所有增强型晶体管的 $V_{TN}=0.8V$，所有耗尽型晶体管的 $V_{TN}=-2V$，所有晶体管的 $k_n'=60\mu A/V^2$。M_{L2} 和 M_{L3} 的宽长比为 1，M_{D2}、M_{D3} 和 M_{D4} 的宽长比为 8。①当 $v_X=5V$ 时，输出 v_{O1} 为 0.15V，反相器的功耗不大于 250μW。求解 $(W/L)_{ML1}$ 和 $(W/L)_{MD1}$。②求解当 $v_X=v_Y=0$ 时的 v_{O2}。

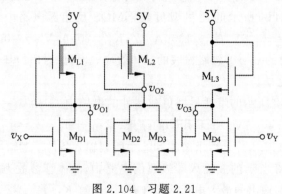

图 2.104 习题 2.21

2.22 如图 2.105 所示的 NMOS 电路,晶体管参数为 $(W/L)_X=(W/L)_Y=12$, $(W/L)_L=1$,所有晶体管的 $V_{TN}=0.4V$。①求解当 $v_X=v_Y=2.9V$ 时的 v_O。②求解 v_{GSX}、v_{GSY}、v_{DSX} 和 v_{DSY} 的值。(提示:令所有器件的漏极电流彼此相等,忽略 v_O^2, v_{DSX}^2 和 v_{DSY}^2)。

2.23 如图 2.106 所示的 NMOS 电路,晶体管参数为 $(W/L)_X=(W/L)_Y=4$, $(W/L)_L=1$,$V_{TNX}=V_{TNY}=0.8V$,$V_{TNL}=-1.5V$。①求解 $v_X=v_Y=5V$ 时的 v_O。②求解 v_{GSX}、v_{GSY}、v_{DSX} 和 v_{DSY} 的值。当 $\gamma=0.5$ 时重复①。

2.24 考虑一个与图 2.106 所示电路类似的 4 输入 NMOS 与非门。偏置电压 $V_{DD}=3.3V$,晶体管的开启电压 $V_{TND}=0.4V$,$V_{TNL}=-0.6V$。输出电压为 $v_O=0.10V$。①利用近似的方法,求解 K_D/K_L 的值。②求解使电路的最大功耗为 $100\mu W$ 时的 $(W/L)_L$ 和 $(W/L)_D$。

2.25 求解图 2.107 所示电路实现的逻辑函数。

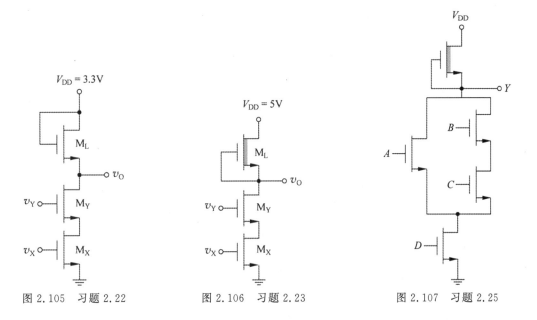

图 2.105 习题 2.22   图 2.106 习题 2.23   图 2.107 习题 2.25

2.26 求解图 2.108 所示电路实现的逻辑函数。

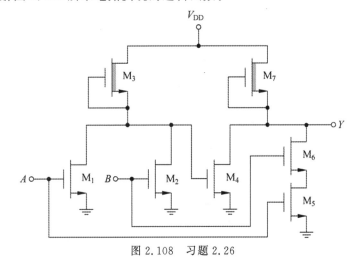

图 2.108 习题 2.26

2.27 求解图 2.109 所示电路实现的逻辑函数。

2.28 一位全加器进位输出信号的布尔函数表达式为

$$\text{Carry-out} = A \cdot B + A \cdot C + B \cdot C$$

①输入信号 A、B 和 C 为已知,用耗尽型负载 NMOS 逻辑电路实现此逻辑函数。②假设 $(W/L)_L = 1$,$V_{DD} = 5\text{V}$,$V_{TNL} = -1.5\text{V}$,$V_{TND} = 0.8\text{V}$。求解其他晶体管的 W/L 比,使电路中任何部分的逻辑最大输出电压为 0.2V。

2.29 ①设计一个耗尽型负载 NMOS 逻辑门,实现函数 $\overline{Y} = [A + B \cdot (C + D)]$。②假设 $V_{DD} = 2.5\text{V}$,$(W/L)_L = 1$,$V_{TND} = 0.4\text{V}$,$V_{TNL} = -0.6\text{V}$。求解每个晶体管的 $(W/L)_D$,使得 $V_{OL(\max)} = 50\text{mV}$。

2.30 设计一个耗尽型负载 NMOS 逻辑电路,实现汽车声音报警功能。当关掉点火装置后,如果车的前照明灯未关或者刹车没有置位时报警。分别给出车前照明灯是否打开和刹车是否置位的指示灯。给出所作的各种假设。

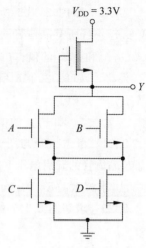

图 2.109 习题 2.27

3. CMOS 反相器

2.31 图 2.21 所示的 CMOS 反相器中偏置在 $V_{DD} = 2.5\text{V}$,晶体管参数为 $V_{TN} = 0.4\text{V}$,$V_{TP} = -0.4\text{V}$,$K_n = K_p = 100\mu\text{A/V}^2$。①求解 P 沟道和 N 沟道晶体管的转移点。②画出电压传输特性,并标出转移点的电压。③求解当 $v_I = 1.1\text{V}$ 和 $v_I = 1.4\text{V}$ 时的 v_O 值。

2.32 在图 2.21 所示的 CMOS 反相器中,令 $V_{DD} = 3.3\text{V}$,$k'_n = 100\mu\text{A/V}^2$,$k'_p = 40\mu\text{A/V}^2$,$V_{TN} = 0.4\text{V}$,$V_{TP} = -0.4\text{V}$。①令 $(W/L)_n = 2$,$(W/L)_p = 5$。求解 P 沟道和 N 沟道晶体管的转移点;画出电压传输特性,并标出转移点的电压;求解当 $v_O = 0.25\text{V}$ 和 $v_O = 3.05\text{V}$ 时的 v_I 值。②当 $(W/L)_n = 4$,$(W/L)_p = 5$ 时,重复①。

2.33 ①对于教材图 2.21 所示的 CMOS 反相器,令 $V_{DD} = 3.3\text{V}$,$V_{TN} = 0.4\text{V}$,$V_{TP} = -0.4\text{V}$。假设 $(W/L)_n = 4$,$(W/L)_p = 12$。求解输入转换电压,当 $v_O = 3.1\text{V}$ 时的输入电压,当 $v_O = 0.2\text{V}$ 时的输入电压;②对于 $(W/L)_n = 6$,$(W/L)_p = 4$,重复①。

2.34 对于图 2.110 所示的 CMOS 反相器对,令 $V_{TN} = 0.8\text{V}$,$V_{TP} = -0.8\text{V}$,$K_n = K_p$。①如果 $v_{O1} = 0.6\text{V}$,求解 v_I 和 v_{O2}。②若 N_2 和 P_2 都偏置在饱和区,求解 v_{O2} 的范围。

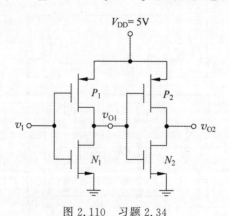

图 2.110 习题 2.34

2.35 对于图 2.111 所示的 CMOS 反相器串联电路,N 沟道晶体管的开启电压为 $V_{TN}=+0.8V$,P 沟道晶体管的开启电压为 $V_{TP}=-0.8V$,它们的传导参数相等。①当 N_1 和 P_1 都偏置在饱和区时,求解 v_{O1} 的范围。②当 $v_{O2}=0.6V$ 时,求解 v_{O3}、v_{O1} 和 v_I 的值。

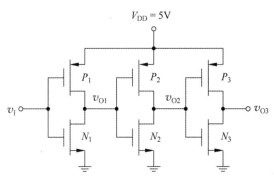

图 2.111 习题 2.35

2.36 ①假设 CMOS 反相器偏置在 $V_{DD}=2.5V$,晶体管参数为 $K_n=K_p=120\mu A/V^2$,$V_{TN}=0.4V$,$V_{TP}=-0.4V$。计算并画出 $0\leqslant v_I\leqslant 2.5V$ 时晶体管电流随输入电压变化的波形。②假设 $V_{DD}=1.8V$ 且 $0\leqslant v_I\leqslant 1.8V$,重复①。

2.37 CMOS 反相器电路中晶体管参数为 $V_{TN}=0.35V$,$V_{TP}=-0.35V$,$k_n'=80\mu A/V^2$,$k_p'=40\mu A/V^2$。令 $V_{DD}=1.8V$。①如果 $(W/L)_n=2$ 且 $(W/L)_p=4$,求解开关周期中反相器的峰值电流。②当 $(W/L)_n=2$ 且 $(W/L)_p=6$ 时,重复①。③当 $(W/L)_n=(W/L)_p=4$ 时,重复①。

2.38 CMOS 反相器电路的偏置电压 $V_{DD}=3.3V$。晶体管的开启电压 $V_{TN}=+0.4V$,$V_{TP}=-0.4V$。求解以下情况反相器的峰值电流及该点的输入电压。①$(W/L)_n=3$,$(W/L)_p=7.5$。②$(W/L)_n=(W/L)_p=4$。③$(W/L)_n=3$,$(W/L)_p=12$。

2.39 CMOS 反相器的输出端接 0.2pF 的负载电容。假设反相器的参数与①习题 2.36 ②习题 2.37 相同,求解 CMOS 反相器工作在 10MHz 开关频率时的功耗。

2.40 ①CMOS 数字逻辑电路包含四百万个相同的 CMOS 反相器,偏置电压 $V_{DD}=1.8V$。每个反相器的等效负载电容为 0.12pF,工作频率为 150MHz,求解电路总的平均功耗。②如果工作频率加倍,但总功耗不变,并且负载电容保持为常数,求解此时的电源电压。

2.41 包含一千万个 CMOS 反相器的 IC 芯片的允许功耗为 3W,每个反相器的开关频率都是 f。①求解不超过总允许功耗时每个反相器可以消耗的平均功耗。②如果开关频率 $f=5MHz$,求解 V_{DD} 分别为 5V、3.3V 及 1.5V 时,反相器的最大负载电容值。

2.42 如果 IC 芯片包含五百万个相同的反相器电路,开关频率为 $f=8MHz$,允许的总功耗为 10W,重复习题 2.41。

2.43 考虑一个 CMOS 反相器,①证明当 $v_I\approx V_{DD}$ 时,NMOS 晶体管的电阻约为 $1/[k_n'(W/L)_n(V_{DD}-V_{TN})]$,而当 $v_I\approx 0$ 时,PMOS 晶体管的电阻约为 $1/[k_p'(W/L)_p(V_{DD}+V_{TP})]$。②利用①的结果,求解当输出电压小于 0.5V 时,NMOS 晶体管可以吸收的最大灌电流。求解使输出高电平值与 V_{DD} 之差小于 0.5V 时,PMOS 晶体管可以提供的最大拉电流。

2.44 对于图 2.21 所示的 CMOS 反相器电路，$V_{DD}=3.3\text{V}$。令 $K_n=K_p$，$V_{TN}=0.5\text{V}$，$V_{TP}=-0.5\text{V}$。①求解电压传输特性曲线上 $(dv_O/dv_I)=-1$ 的两个 v_I 值及对应的 v_O 值。②计算噪声容限。

2.45 如果电路和晶体管参数为 $V_{DD}=2.5\text{V}$，$V_{TN}=0.35\text{V}$，$V_{TP}=-0.35\text{V}$，$K_n=100\mu\text{A/V}^2$，$K_n=50\mu\text{A/V}^2$，重复习题 2.44。

2.46 ①CMOS 反相器偏置在 $V_{DD}=3.3\text{V}$，$(W/L)_n=2$，$(W/L)_p=5$。假设 $V_{TN}=0.4\text{V}$，$V_{TP}=-0.4\text{V}$。求解其噪声容限。②当 $(W/L)_n=4$，$(W/L)_p=12$ 时，重复①。

4. CMOS 逻辑电路

2.47 在图 2.112 所示的 3 输入 CMOS 与非逻辑电路中，假设 $k'_n=2k'_p$，$V_{TN}=|V_{TP}|=0.8\text{V}$。①如果 $v_A=v_B=5\text{V}$，求解 v_C，使得当 $(W/L)_p=2(W/L)_n$ 时，晶体管 N_3 和 P_3 都偏置在饱和区。（陈述所作的假设。）②如果 $v_A=v_B=v_C=v_I$，求解 $(W/L)_p$ 和 $(W/L)_n$ 的关系，使得当所有晶体管均偏置在饱和区时，$v_I=2.5\text{V}$。③利用②的结果，假设 $v_A=v_B=5\text{V}$，求解 v_C，使得晶体管 N_3 和 P_3 都偏置在饱和区。（陈述所作的假设。）

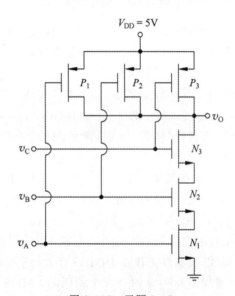

图 2.112 习题 2.47

2.48 对于图 2.113 所示电路。①表 2.3 中列出的输入 v_X、v_Y 和 v_Z 由同类型的 CMOS 逻辑电路提供，为逻辑 0 或逻辑 1。输入的逻辑状态按时间顺序。说明表中列出的晶体管是导通还是关断，并求解输出电压。②该电路实现什么逻辑函数？

表 2.3

v_X	v_Y	v_Z	N_1	N_2	N_3	N_4	N_5	v_O
1	0	1						
0	0	1						
1	1	0						
1	1	1						

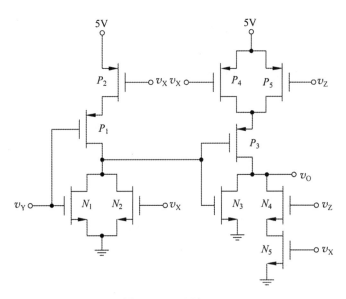

图 2.113 习题 2.48

2.49 对于 4 输入 CMOS 或非逻辑门。①求解晶体管 W/L，基于 $(W/L)_n=2$ 和 $(W/L)_p=4$ 的 CMOS 反相器设计，提供对称的开关时间。②如果或非门的负载电容加倍，求解所需的 W/L，使得开关速度与①相同。

2.50 对于 4 输入 CMOS 与非逻辑门，重复习题 2.49。

2.51 对于 3 输入 CMOS 或非逻辑门，重复习题 2.49。

2.52 对于 3 输入 CMOS 与非逻辑门，重复习题 2.49。

2.53 图 2.114 所示为经典的 CMOS 逻辑门。①分析此电路实现的逻辑函数。②设计 NMOS 网络。③求解晶体管的 W/L，使其开关时间对称，且为基本 CMOS 反相器开关时间的两倍，CMOS 反相器中晶体管的参数为 $(W/L)_n=2$ 且 $(W/L)_p=4$。

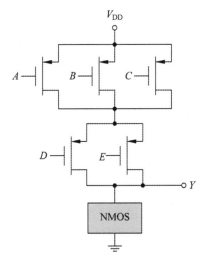

图 2.114 习题 2.53

2.54 图 2.115 所示为经典的 CMOS 逻辑门。①分析该电路实现的逻辑函数。②设计 PMOS 网络。③求解晶体管的 W/L，使其开关时间对称，且基本 CMOS 反相器开关时间的两倍，CMOS 反相器中晶体管参数为 $(W/L)_n=2$ 且 $(W/L)_p=4$。

2.55 图 2.116 所示为经典的 CMOS 逻辑门。①分析该电路实现的逻辑函数。②设计 NMOS 网络。③求解晶体管的 W/L，使其开关时间对称，且与基本 CMOS 反相器的开关时间相同，CMOS 反相器中晶体管参数为 $(W/L)_n=2$ 且 $(W/L)_p=4$。

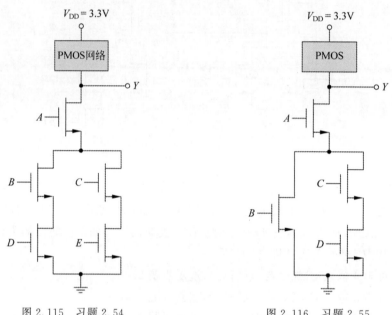

图 2.115 习题 2.54　　　　图 2.116 习题 2.55

2.56 图 2.117 所示为经典的 CMOS 逻辑门。①分析该电路实现的逻辑函数。②设计 PMOS 网络。③计算晶体管的 W/L，使其开关时间对称，且与基本 CMOS 反相器开关时间相同，CMOS 反相器中晶体管参数为 $(W/L)_n=2$ 且 $(W/L)_p=4$。

2.57 ①输入信号 A、B、C、$\overline{A}$、$\overline{B}$ 和 $\overline{C}$ 已知，设计 CMOS 电路，实现逻辑函数 $Y=A\overline{B}\overline{C}+\overline{A}BC+\overline{A}B\overline{C}$，输出不能包含 CMOS 反相器。②若 $k'_n=2k'_p$，求解晶体管的尺寸，使其开关时间对称，且与基本 CMOS 反相器的开关时间相同，CMOS 反相器中晶体管参数为 $(W/L)_n=1$ 且 $(W/L)_p=2$。

2.58 ①输入信号 A、B、C、D 和 E 已知，设计 CMOS 电路，实现逻辑函数 $\overline{Y}=A(B+C)+D+E$。②重复习题 2.57 中的②。

2.59 ①求解图 2.118 中的电路所实现的逻辑函数。②计算晶体管的 W/L，使其开关时间对称，且与基本 CMOS 反相器的开关时间相同，CMOS 反相器中晶体管参数为 $(W/L)_n=2$ 且 $(W/L)_p=4$。

2.60 ①对于 5 输入 NMOS 或非逻辑门，设计晶体管的 W/L，使其开关时间对称，且与基本 CMOS 反相器的开关时间相同，CMOS 反相器中晶体管参数为 $(W/L)_n=2$ 且 $(W/L)_p=4$。②对于 5 输入 NMOS 与非逻辑门，重复①。

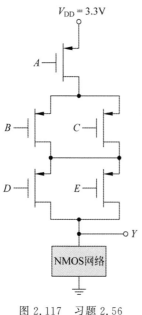

图 2.117 习题 2.56

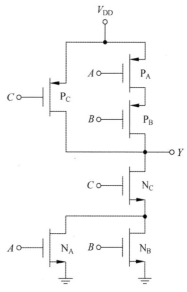

图 2.118 习题 2.59

5. 带时钟的 CMOS 逻辑电路

2.61 ①图 2.119 所示为带时钟的 CMOS 逻辑电路。当输入信号为表 2.4 中所列出的状态时,请列表说明电路中各晶体管的导通、截止状态,并求解相应的输出电压 v_{O1} 和 v_{O2}。假设输入状态 1~6 按时间顺序排列。②分析电路实现的逻辑函数。

表 2.4 习题 2.61

State	CLK	v_A	v_B	v_C
1	0	0	0	0
2	1	1	0	0
3	0	0	0	0
4	1	0	0	1
5	0	0	0	0
6	1	0	1	1

2.62 ①图 2.120 所示为 CMOS 时序逻辑电路。当输入信号为表 2.5 中所列出的状态时,请列表说明电路中各晶体管的导通、截止状态,并求解相应的输出电压 v_{O1}、v_{O2} 和 v_{O3}。假设输入状态 1~6 按时间顺序排列。②分析电路实现的逻辑函数。

表 2.5 习题 2.62

State	CLK	v_X	v_Y	v_Z
1	0	0	0	0
2	1	1	1	1
3	0	0	0	0
4	1	0	1	1
5	0	0	0	0
6	1	1	0	1

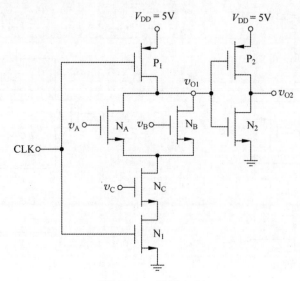

图 2.119　习题 2.61

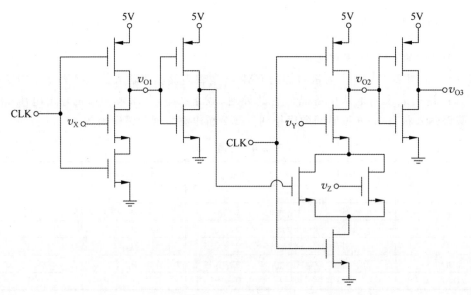

图 2.120　习题 2.62

2.63　画出实现逻辑函数 $Y=A\bar{B}+\bar{A}B$ 的带时钟的 CMOS 多米诺逻辑电路,假设输入变量和它们的互补变量均为已知信号。

2.64　画出实现逻辑函数 $Y=AB+C(D+E)$ 的带时钟的 CMOS 的多米诺逻辑电路。

2.65　画出实现逻辑函数 $Y=A(B+C)(D+E)$ 的带时钟的 CMOS 的多米诺逻辑电路。

2.66　在图 2.44(b)所示带时钟的 CMOS 逻辑电路中,假设 v_{O1} 输出端的等效电容为 25pF。当晶体管 M_{NA}、M_{NB} 和 M_{P1} 截止时,流经晶体管 M_{NA}、M_{NB} 的漏电流为 $I_{Leakage}=2pA$。求解 v_{O1} 衰减 0.5V 需要的时间。

6. 传输门

2.67　NMOS 传输门的参数为 $V_{TN}=0.4V$,$K_n=0.15mA/V^2$,$C_L=0.2pF$。①当栅极电压 $\phi=3.3V$ 时,求解在 v_I 分别为 0、3.3V 及 2.5V 时的准静态输出电压。②当栅极电压

$\phi=1.8\mathrm{V}$ 时,重复①。

2.68 图 2.121 所示电路中,NMOS 晶体管参数为 $K_n=0.2\mathrm{mA/V}^2$, $V_{TN}=0.5\mathrm{V}$, $\lambda=0$, $\gamma=0$。①当栅极电压 $\phi=2.5\mathrm{V}$ 时,求解 v_I 分别为 0、2.5V 及 1.8V 时的准静态输出电压。②当栅极电压 $\phi=2.0\mathrm{V}$ 时,重复①。

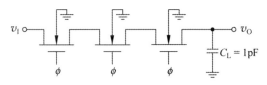

图 2.121 习题 2.68

2.69 对于图 2.122 所示的电路,输入电压 v_I 等于 0.1V 或 2.5V。令栅极电压 $\phi=2.5\mathrm{V}$,晶体管 M_4 的开启电压 $V_{TN}=-0.6\mathrm{V}$,所有其他晶体管的开启电压为 $V_{TN}=0.4\mathrm{V}$。M_2 和 M_4 的沟道宽长比为 1,M_A 和 M_B 的宽长之比为 5。①求解 v_{O1} 和 v_{O2} 的逻辑 1 电压值。②设计晶体管 M_1 和 M_3 的宽长比,使得 v_{O1} 和 v_{O2} 的逻辑 0 电压值为 0.1V。

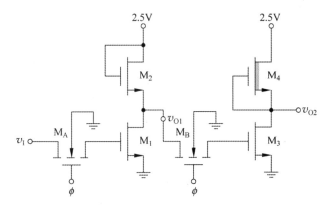

图 2.122 习题 2.69

2.70 电路如图 2.123 所示,求解所实现的逻辑函数,并分析电路是否有潜在的问题?

2.71 分析图 2.124 中的电路所实现的逻辑函数。

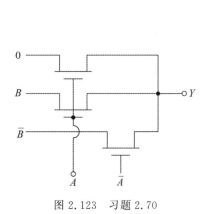

图 2.123 习题 2.70

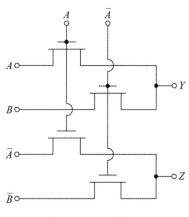

图 2.124 习题 2.71

2.72 ①设计一个 NMOS 传输逻辑电路,实现逻辑函数 $Y=A+B(C+D)$。假设输入变量以及它们的反变量均已知。②若 $Y=ABC+\overline{A}\overline{B}\overline{C}$,重复①。

2.73 在如图 2.125 所示的电路中,①当 $\phi=2.5V$ 时,求解以下情况的 Y 值:$A=B=0$;$A=0,B=2.5V$;$A=2.5V,B=0$;$A=B=2.5V$。②当 $\phi=0$ 时,重复①。③求解电路所实现的逻辑函数。

2.74 分析图 2.126 中的电路所实现的逻辑函数。

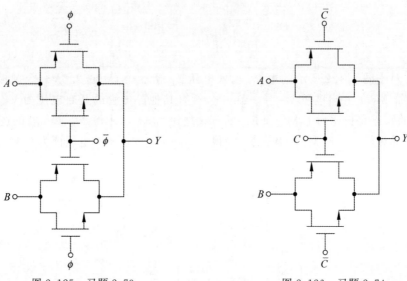

图 2.125 习题 2.73   图 2.126 习题 2.74

2.75 在如图 2.127 所示电路中,①求解以下情况的 Y 值:$A=B=0$;$A=2.5,B=0V$;$A=0V,B=2.5V$;$A=B=2.5V$。②求解电路所实现的逻辑函数。

2.76 分析图 2.128 中的电路所实现的逻辑函数。

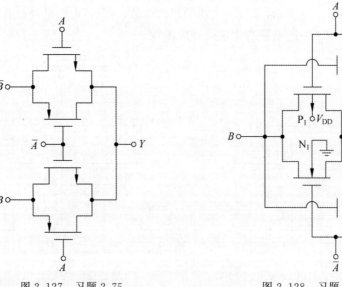

图 2.127 习题 2.75   图 2.128 习题 2.76

2.77 图 2.129 所示为带时钟的移位寄存器,时钟信号 ϕ_1 和 ϕ_2 没有重叠。描述电路的工作原理。为使电路"正常工作",讨论负载晶体管和驱动晶体管的宽长比之间可能存在的关系。

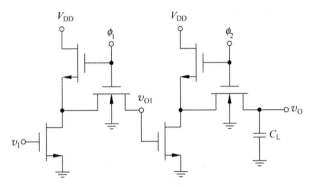

图 2.129 习题 2.77

7. 时序逻辑电路

2.78 图 2.63 所示 NMOS R-S 触发器的电源电压 $V_{DD}=2.5V$。增强型晶体管的开启电压为 0.4V,耗尽型晶体管的开启电压为 $-0.6V$。晶体管的传导参数为 $K_3=K_6=40\mu A/V^2$, $K_2=K_5=100\mu A/V^2$, $K_1=K_4=150\mu A/V^2$。如果初始状态为 $Q=$ 逻辑 0 且 $\bar{Q}=$ 逻辑 1,求解使触发器状态发生翻转的 S 点的电压。

2.79 图 2.130 所示为两个级联的 CMOS 反相器。该电路可被认为是未耦合的 CMOS R-S 触发器。晶体管参数为 $K_n=K_p=0.2mA/V^2$, $V_{TN}=0.5V$, $V_{TP}=-0.4V$, $\lambda_n=\lambda_p=0$。画出 v_{O1}、v_O 与 v_I 的关系曲线,并计算当 $v_I=1.5V$、1.6V、1.7V 和 1.8V 时的 v_{O1} 和 v_O 值。

2.80 观察图 2.131 所示的电路,求解不同输入信号下的输出状态,并说明输入信号 ϕ 的作用。

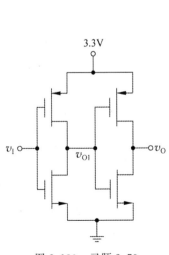

图 2.130 习题 2.79

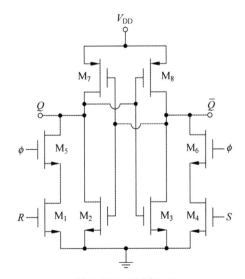

图 2.131 习题 2.80

2.81 图 2.132 所示电路为 D 触发器的一个示例。①说明电路的工作原理,是上升沿触发还是下降沿触发?②重新设计该电路,使其为静态触发器。

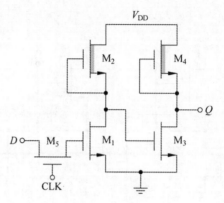

图 2.132 习题 2.81

2.82 说明图 2.133 所示的电路为 J-K 触发器。

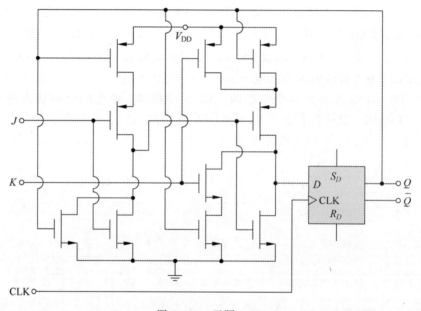

图 2.133 习题 2.82

2.83 重新观察图 2.113 所示的电路,说明该电路为 J-K 触发器,$J=v_X$,$K=v_Y$ 且 $CLK=v_Z$。

8. 存储器的分类与电路结构

2.84 大小为 256K 排列为正方形矩阵,采用图 2.73(b)所示的 NMOS 或非门译码器实现行、列地址译码。①每个译码器需要几个输入?②对第 52,129,241 行进行寻址时,行地址译码器的输入是什么?③对第 24,165,203 列进行寻址时,列地址译码器的输入是什么?

2.85 ①1MB 大小的存储器排列为正方形矩阵,每个存储单元都可独立寻址。求解行和列译码器所需要的输入地址线数目。②如果 1M 存储器排列为 250K 字×4 位,行地址译码器和列地址译码器最少需要多少条输入地址线？

2.86 4096 位 RAM 包含 512 字,每个字为 8 位,设计存储矩阵,使行地址译码器、列地址译码器所需晶体管的数量最少。需要多少条行地址线和列地址线？

2.87 假设输出变为高电平时,NMOS 地址线译码器可以提供 $250\mu A$ 的电流。如果每个存储单元的有效电容为 $C_L=0.8pF$,且地址线的有效电容为 $C_{LA}=5pF$。求解当 $V_{IH}=2.7V$ 时地址线电压的上升时间。

9. RAM 存储器单元

2.88 在图 2.74(b) 所示的电阻负载 NMOS RAM 存储单元电路中,假设其参数为 $k_n'=80\mu A/V^2, V_{TN}=0.4V, V_{DD}=2.5V, R=1M\Omega$。①设计驱动晶体管的宽长比,使晶体管的 $V_{DS}=20mV$。②如果由①中的存储单元组成 16KB 存储器,求解当待机电压 $V_{DD}=1.2V$ 时的静态待机电流以及总功耗。

2.89 一个 16K 的 NMOS RAM,其存储单元的设计如图 2.74(b) 所示,要求静态待机电压为 $V_{DD}=2.5V$ 时电路的总功耗不大于 200mW。假设 $V_{TN}=0.7V, k_n'=35\mu A/V^2$,求解晶体管的宽长比和电阻值。

2.90 观察图 2.76 所示的 CMOS RAM 存储单元和数据线,偏置电压为 $V_{DD}=2.5V$。假设晶体管参数为 $k_n'=80\mu A/V^2, k_p'=35\mu A/V^2, V_{TN}=0.4V, V_{TP}=-0.4V$, M_{N1} 和 M_{N2} 的宽长比 $W/L=2$, M_{P1} 和 M_{P2} 的宽长比 $W/L=4$,其他晶体管的宽长比 $W/L=1$。如果 $Q=0$ 且 $\bar{Q}=1$,求解当某行被选中后 D 和 $\bar{D}$ 的稳态值。忽略衬底的基体效应。

2.91 图 2.76 所示 CMOS RAM 存储单元和数据线的晶体管参数同习题 2.90。假设初始状态为 $Q=0$ 且 $\bar{Q}=1$,如果行线在 $X=2.5V$ 时被选中,假设在整个写周期内,数据线 $\bar{D}=0$ 且 $D=2.5V$。求解刚刚加了行选信号后的 Q 和 $\bar{Q}$ 的值。

*2.92 图 2.82 所示的动态 RAM 读出放大器电路中,假设每根位线的电容为 1pF,且预充电到 4V。存储电容为 0.05pF,参考电容为 0.025pF,并且每个电容在逻辑 1 时充电至 5V,逻辑 0 时放电至 0V。每个单元被寻址时,M_S 和 M_R 的栅极电压为 5V,且晶体管的开启电压为 0.5V。求解在存储单元被选中后,当①存储的数据为逻辑 1,②存储的数据为逻辑 0 时的位线电压 v_1 和 v_2。

10. 只读存储器

2.93 设计一个 4 字×4 位的 NMOS 掩模 ROM,当行 1、2、3、4 被选中时的输出分别为 1011、1111、0110 和 1001。

2.94 设计一个 16×4 的 NMOS 掩模 ROM,提供 2 位输入变量的 4 位乘积项。

2.95 设计一个 NMOS 掩模 ROM,对二进制的输入进行译码,产生七段阵列显示输出。输出为高电平时,可以将某段 LED 点亮。

11. 数据转换器

2.96 将 0～5V 的模拟信号转换为数字信号,要求量化误差小于 1%。①求解所需的位数。②表示 1LSB 的输入电压为多大？③3.5424V 的输入电压对应的数字输出是多少？

2.97 将 0～3.3V 的模拟信号转换为数字信号,要求量化误差小于 0.5%。①求解所需的位数。②表示 1LSB 的输入电压为多大？③2.5321V 的输入电压对应的数字输出是多少？

2.98 ①图 2.94 所示的 4 位权电阻 D/A 转换器,假设 $R_F=10k\Omega$,当输入为 0110 时,

求解输出电压。②当输入为 1001 时，求解输出电压。

2.99　图 2.90 所示的 4 位权电阻 D/A 转换器，假设 $R_F=10\text{k}\Omega$。①求解使得输出误差不大于 $\pm\dfrac{1}{2}$ LSB 的 R_1 的最大允许误差为多少（用±百分数表示）？②对于电阻 R_4，重复①。

2.100　将图 2.90 所示的 4 位权电阻 D/A 转换器扩展为 8 位。①需要增加的 4 个输入电阻分别为多大？②当输入为 00000001 时，输出电压为多少？

2.101　利用图 2.92 所示的 R-2R 梯形网络 N 位 D/A 转换电路设计一个 6 位 D/A 转换器。令 $V_{REF}=-5.0\text{V}, R=R_F=5.0\text{k}\Omega$。①电流 $I_1、I_2、I_3、I_4、I_5$ 和 I_6 分别为多大？②输入改变 1LSB，输出电压改变多少？③当输入为 010011 时，输出电压为多少？④当输入由 101010 变为 010101 时，输出电压改变多少？

2.102　在图 2.93 所示的 3 位闪速 A/D 转换器电路的参考电压 $V_{REF}=3.3\text{V}$。3 位输出为 101，产生这个输出的输入电压 v_A 应为多少？

2.103　制作与图 2.93 所示类似的 6 位闪速 A/D 转换器，需要多少个电阻和多少个比较器？

2.104　10 位计数型 A/D 转换器的模拟输入为 $0\leqslant v_A\leqslant 5\text{V}$，时钟频率为 1MHz。①求解最大转换时间。②求解输出为 0010010010 时，输入信号 v_A 的范围（假设量化误差为 $\pm\dfrac{1}{2}$ LSB）。③为了产生输出 0100100100，需要多少个时钟脉冲？

2.105　习题 2.104 中的 10 位计数型 A/D 转换器。①当输入电压 $v_A=3.125\text{V}$ 时，输出为多少？②若 $v_A=1.8613\text{V}$，重复①。

12. 计算机仿真习题

2.106　观察图 2.3(a)、图 2.5(a) 和图 2.7(a) 中所示的三类 NMOS 反相器。利用计算机仿真，研究三类反相器的电压传输特性和电流-输入电压变化特性随晶体管宽长比以及衬底基体效应的变化情况。

2.107　利用计算机仿真，通过将若干个 CMOS 反相器串联，研究 CMOS 反相器的传输延迟时间和开关特性。采用标准晶体管，假设等效负载电容 C_T 为 0.05pF。并求解传输延迟时间随晶体管宽长比的变化情况。

2.108　考虑一个与图 2.34(a) 所示的 2 输入电路类似的 3 输入 CMOS 与非逻辑电路。利用计算机仿真，研究不同 NMOS 和 PMOS 宽长比下的电压传输特性和开关特性。当 PMOS 和 NMOS 晶体管的宽长比为何最优关系时可获得对称的开关速度？

2.109　利用计算机仿真，研究图 2.76 所示 CMOS RAM 单元，求解在读和写周期内，不同的晶体管宽长比与 Q 和 $\bar{Q}$ 之间的关系。特别关注式(2.82)和式(2.84)给出的关系。

13. 设计习题

2.110　设计一个经典的 CMOS 逻辑电路，实现逻辑函数 $Y=A\cdot(B+C)+D\cdot E$。

2.111　设计带时钟的 CMOS 逻辑电路，实现如下逻辑函数：①$Y=\overline{[A\cdot B+C\cdot D]}$，②$Y=\overline{[A\cdot(B+C)+D]}$。

2.112　设计一个 NMOS 传输逻辑网络，实现习题 2.111 中的逻辑函数。

2.113　设计一个带时钟的 CMOS 动态移位寄存器，输出在时钟信号的上升沿变为有效。

第3章

双极型数字电路

第 2 章学习了 MOSFET 逻辑电路的基本概念,本章将讨论双极型逻辑电路的基本原理。首先讨论发射极耦合逻辑(ECL)。该技术基于差分放大电路,用于专门的高速应用。

在 MOS 数字技术出现之前,双极型数字系列晶体管-晶体管逻辑(TTL)电路被广泛使用。分析了 TTL 和肖特基 TTL 逻辑电路,并给出 BiCMOS 逻辑电路的基本概念。

由于双极型逻辑电路的功耗相对较大,所以目前用得越来越少。

预览

在本章,将:

- 分析基本的发射极耦合逻辑电路。
- 分析并设计改进型发射极耦合逻辑电路。
- 分析晶体管-晶体管逻辑电路。
- 分析并设计肖特基和低功耗肖特基晶体管-晶体管逻辑电路。
- 分析 BiCMOS 数字逻辑电路。
- 作为一个应用,设计一个静态 ECL 门,用于实现特定的逻辑函数。

3.1 发射极耦合逻辑(ECL)

目标:分析基本的发射极耦合逻辑电路。

发射极耦合逻辑(ECL)电路基于差分放大电路。在数字应用中,差分放大电路工作在非线性区。晶体管要么截止,要么工作在放大区。为减小开关时间和传输延迟时间,应该避免使晶体管进入饱和区。ECL 电路是双极型数字技术中传输延迟时间最短的电路。

3.1.1 差分放大电路回顾

观察图 3.1 所示的差分放大电路。对于一个线性差分放大电路,两个输入电压的差值很小,两个晶体管始终偏置在放大区。Q_1 和 Q_2 的集电极电流与发射结电压之间的关系可

以写为:①

$$i_{C1} = I_S e^{v_{BE1}/V_T} \tag{3.1a}$$

和

$$i_{C2} = I_S e^{v_{BE2}/V_T} \tag{3.1b}$$

其中,假设 Q_1 和 Q_2 互相匹配,且两只晶体管参数 I_S 相同。图 3.2 所示为其电流-电压传输特性曲线。

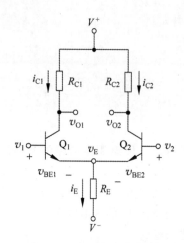

图 3.1 基本差分放大电路

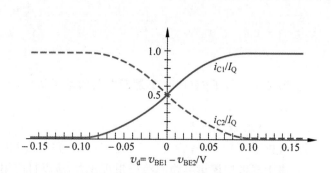

图 3.2 BJT 差分放大电路的归一化直流传输特性

在数字应用中,两个输入电压的差值很大,这意味着其中一只晶体管保持偏置在放大区,而另一只晶体管截止。例如,如果 $v_{BE1} = v_{BE2} + 0.12$,则 i_{C1} 和 i_{C2} 之比为

$$\frac{i_{C1}}{i_{C2}} = \frac{e^{v_{BE1}/V_T}}{e^{v_{BE2}/V_T}} = e^{(v_{BE1}-v_{BE2})/V_T} = e^{0.12/0.026} = 101 \tag{3.2}$$

当 Q_1 的发射结电压比 Q_2 的发射结电压高 120mV 时,其集电极电流是 Q_2 的 100 倍。在实际应用中,Q_1 导通,Q_2 截止。

相反,当 v_1 比 v_2 至少低 120mV 时,则 Q_1 截止,Q_2 导通。差分放大电路用作数字电路时,可以作为电流开关。当 v_1 比 v_2 至少大 120mV 时,它打开从 R_E 流向 Q_1 的基本恒定的电流;当 v_2 比 v_1 至少大 120mV 时,电流流入 Q_2。

例题 3.1 计算用作数字电路的基本差分放大电路的电流和电压。在图 3.1 所示电路中,假设 $V^+ = 2.5V$, $V^- = -2.5V$, $R_{C1} = R_{C2} = R_C = 5k\Omega$, $R_E = 6k\Omega$, $v_2 = 0$。直流分析中忽略基极电流。

解: 当 $v_1 = v_2 = 0$ 时,两个晶体管均导通。假设发射结开启电压为 0.7V,则 $v_E = -0.7V$,且有

$$i_E = \frac{v_E - V^-}{R_E} = \frac{-0.7 - (-2.5)}{6} = 0.3 mA$$

假设 Q_1 和 Q_2 匹配,则有 $i_{C1} = i_{C2} = i_E/2$,由此 $i_{C1} = i_{C2} = 0.15 mA$。于是

---

① 本章在大多数情况下,使用总瞬时电流和电压参数,尽管在逻辑电路的很多分析中包含直流计算。

$$v_{O1} = v_{O2} = V^+ - i_C R_C = 2.5 - 0.15 \times 5 = 1.75\text{V}$$

Q_1 和 Q_2 均偏置在放大区。

令 $v_1 = -0.5\text{V}$，由于晶体管 Q_1 的基极电压比 Q_2 的基极电压低，且差值大于 120mV，于是 Q_1 截止，Q_2 导通。此时，和之前一样，仍有 $v_E = v_2 - V_{BE}(\text{on}) = -0.7\text{V}$，$i_E = 0.3\text{mA}$。而 $i_{C1} = 0$，$i_{C2} = i_E = 0.3\text{mA}$，于是有

$$v_{O1} = V^+ = 2.5\text{V}$$

和

$$v_{O2} = V^+ - i_{C2} R_C = 2.5 - 0.3 \times 5 = 1.0\text{V}$$

当 $v_1 = +0.5\text{V}$ 时，Q_1 导通，Q_2 截止。此时，$v_E = v_1 - V_{BE}(\text{on}) = 0.5 - 0.7 = -0.2\text{V}$，电流 i_E 为

$$i_E = i_{C1} = \frac{v_E - V^-}{R_E} = \frac{-0.2 - (-2.5)}{6} = 0.383\text{mA}$$

于是有

$$v_{O1} = V^+ - i_{C1} R_C = 2.5 - 0.383 \times 5 = 0.585\text{V}$$

和

$$v_{O2} = V^+ = 2.5\text{V}$$

点评：在给定的三种情况下，晶体管 Q_1 和 Q_2 要么截止，要么偏置在放大区。在数字应用中，输出 v_{O2} 与输入 v_1 同相，输出 v_{O1} 与输入反相。

当偏置在导通状态时，晶体管 Q_1 要比 Q_2 导通得更充分一些。为了得到互补对称的输出，R_{C1} 需要比 R_{C2} 略小一些。

练习题 3.1 观察图 3.1 所示的差分放大电路。偏置电压 $V^+ = 1.8\text{V}$，$V^- = -1.8\text{V}$，$v_2 = 0$。假设 $V_{BE}(\text{on}) = 0.7\text{V}$，忽略基极电流。①设计电路，使得当 $v_1 = 0$ 时，$i_E = 0.11\text{mA}$，且 $v_{O1} = v_{O2} = 1.45\text{V}$。②利用①的结果，计算 v_1 分别为 $+0.5\text{V}$ 及 -0.5V 时的 i_E、v_{O1} 以及 v_{O2} 的值。③利用①和②的结果，计算 v_1 分别为 $+0.5\text{V}$ 及 -0.5V 时，电路中的功耗。

答案：①$R_E = 10\text{k}\Omega$，$R_C = 6.364\text{k}\Omega$；②$i_E = 0.16\text{mA}$，$v_{O1} = 0.782\text{V}$，$v_{O2} = 1.8\text{V}$；$i_E = 0.11\text{mA}$，$v_{O1} = 1.8\text{V}$，$v_{O2} = 1.10\text{V}$；③$P = 0.576\text{mW}$；$P = 0.396\text{mW}$。

3.1.2 ECL 逻辑门

1. 基本 ECL 逻辑门

一个基本的 2 输入 ECL 或/或非逻辑电路如图 3.3 所示。两个输入晶体管 Q_1 和 Q_2 并联。在差分放大电路的基础上，如果 v_X 和 v_Y 均比基准电压 V_R 至少低 120mV，则晶体管 Q_1 和 Q_2 都截止，而基准晶体管 Q_R 偏置在放大区。此时，输出电压 v_{O1} 大于 v_{O2}。当 v_X 和 v_Y 有一个大于基准电压 V_R，则基准晶体管 Q_R 截止，输出电压 v_{O2} 大于 v_{O1}。v_{O2} 输出为或逻辑，v_{O1} 输出为或非逻辑。ECL 逻辑门电路的优点之一是提供互补输出，节省了获取互补信号所需的独立反相器。

图 3.3 所示的或/或非逻辑电路存在一个问题，输出电压与输入电压的电平不同，输出电压与输入电压不匹配。不匹配的原因是 ECL 电路的晶体管在截止区与放大区之间切换时，集电结需要始终处于反向偏置状态。逻辑 1 的输出电平为 $V_{OH} = V^+$，当这个电压作用于 v_X 或 v_Y 输入时，Q_1 或 Q_2 导通，集电极电压 v_{O1} 下降至 V^+ 以下；集电结正偏，晶体管进

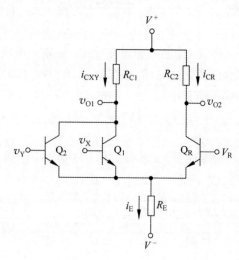

图 3.3 基本 2 输入 ECL 或/或非逻辑电路

入饱和。为获得和同类门电路的输入匹配的输出,可以增加射极跟随器电路。

2. 带射极跟随器的 ECL 逻辑门

在图 3.4 所示 ECL 电路中,或/或非门的输出端增加了射极跟随器,并将电源电压 V^+ 设置为零。研究表明,使用集电极-发射极间电压作为输出时,电路的抗干扰能力较好,因此将地和电源电压进行反接。当晶体管的正向电流增益数量级为 100 时,计算中忽略基极的直流电流不会带来很大的误差。

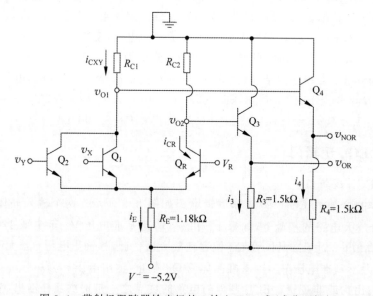

图 3.4 带射极跟随器输出级的 2 输入 ECL 或/或非逻辑门

当 v_X 或 v_Y 为逻辑 1(定义为至少比基准电压 V_R 大 120mV)时,基准晶体管 Q_R 截止,$i_{CR}=0$,且 $v_{O2}=0$。输出晶体管 Q_3 偏置在放大区,且 $v_{OR}=v_{O2}-V_{BE}(\text{on})=-0.7\text{V}$。当 v_X 和 v_Y 都为逻辑 0(定义为至少比基准电压 V_R 低 120mV)时,晶体管 Q_1 和 Q_2 都截止,$v_{O1}=0$,且 $v_{NOR}=0-V_{BE}(\text{on})=-0.7\text{V}$。每个输出端可能获得的最大电压为 -0.7V,因此,定义逻

辑 1 的电平为 -0.7V。

在下面的例子中,将讨论基本 ECL 门电路中的电流和逻辑 0 电平。

例题 3.2 计算基本 ECL 逻辑门中的电流、电阻和逻辑 0 电平。在图 3.4 所示电路中,求解 R_{C1} 和 R_{C2},使晶体管 Q_1、Q_2 以及 Q_R 导通,B-C 间电压为零。

解:令 $v_X = v_Y = -0.7\text{V} = $ 逻辑 $1 > V_R$,使得 Q_1 和 Q_2 都导通。可得

$$v_E = v_X - V_{BE}(\text{on}) = -0.7 - 0.7 = -1.4\text{V}$$

电流为

$$i_E = i_{Cxy} = \frac{v_E - V^-}{R_E} = \frac{-1.4 - (-5.2)}{1.18} = 3.22\text{mA}$$

如果使晶体管 Q_1 和 Q_2 的 B-C 间电压为零,电压 v_{O1} 必须为 -0.7V。因此

$$R_{C1} = \frac{-v_{O1}}{I_{Cxy}} = \frac{0.7}{3.22} = 0.217\text{k}\Omega$$

于是,或非门输出的逻辑 0 电平为

$$v_{NOR} = v_{O1} - V_{BE}(\text{on}) = -0.70 - 0.7 = -1.40\text{V}$$

在逻辑 1 状态下,输入电压 v_X 和 v_Y 大于基准电压 V_R;在逻辑 0 状态下,输入电压 v_X 和 v_Y 小于基准电压 V_R。若 V_R 设置在逻辑 0 和逻辑 1 电平的中点时,则有

$$V_R = \frac{-0.7 - 1.40}{2} = -1.05\text{V}$$

当 Q_R 导通时,可得

$$v_E = V_R - V_{BE}(\text{on}) = -1.05 - 0.7 = -1.75\text{V}$$

和

$$i_E = i_{CR} = \frac{v_E - V^-}{R_E} = \frac{-1.75 - (-5.2)}{1.18} = 2.92\text{mA}$$

对于 $v_{O2} = -0.7\text{V}$,可得

$$R_{C2} = \frac{-v_{O2}}{i_{C2}} = \frac{0.7}{2.92} = 0.240\text{k}\Omega$$

由此,或门的逻辑 0 电平为

$$v_{OR} = v_{O2} - V_{BE}(\text{on}) = -0.7 - 0.7 = -1.40\text{V}$$

点评:对于互补对称输出,R_{C1} 和 R_{C2} 不相等。如果 R_{C1} 和 R_{C2} 比设计值大,则晶体管 Q_1、Q_2 和 Q_R 在导通时将进入饱和区。

练习题 3.2 利用例题 3.2 的结果,计算以下情况中图 3.4 所示电路的功耗:① $v_X = v_Y = $ 逻辑 1;② $v_X = v_Y = $ 逻辑 0。

答案:① $P = 45.5\text{mW}$;② $P = 43.9\text{mW}$。

3. 基准电压电路

还需要一个获得基准电压 V_R 的电路。观察图 3.5 所示完整的 2 输入 ECL 或/或非逻辑电路。基准电压电路由电阻 R_1、R_2、R_5、二极管 D_1 和 D_2 以及晶体管 Q_5 组成。基准电压电路部分可以专门设计成可以提供所需的基准电压。

例题 3.3 设计 ECL 电路的基准电压电路。图 3.5 所示的电路中,要求基准电压 V_R 为 -1.05V。

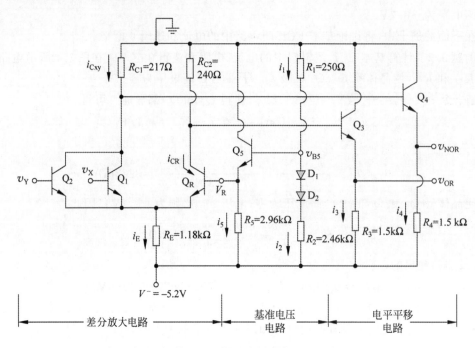

图 3.5 带基准电压电路的基本 ECL 逻辑门

解：已知

$$v_{B5} = V_R + V_{BE}(\text{on}) = -1.05 + 0.7 = -0.35\text{V} = -i_1 R_1$$

由于包含两个未知量，选其中一个作为变量。令 $R_1 = 0.25\text{k}\Omega$，于是有

$$i_1 = \frac{0.35}{0.25} = 1.40\text{mA}$$

由于这个电流和电路中其他电流的大小处于同一个数量级，所选 R_1 值合理。忽略基极电流，可得

$$i_1 = i_2 = \frac{0 - 2V_\gamma - V^-}{R_1 + R_2}$$

其中 V_γ 为二极管的开启电压，假设 $V_\gamma = 0.7\text{V}$。于是可得

$$1.40 = \frac{-1.4 - (-5.2)}{R_1 + R_2}$$

求得 $R_1 + R_2 = 2.71\text{k}\Omega$。

由于 $R_1 = 0.25\text{k}\Omega$，所以电阻 $R_2 = 2.46\text{k}\Omega$。此外，可知

$$i_5 = \frac{V_R - V^-}{R_5}$$

如果令 $i_5 = i_1 = i_2 = 1.40\text{mA}$，则有

$$R_5 = \frac{V_R - V^-}{i_5} = \frac{-1.05 - (-5.2)}{1.40} = 2.96\text{k}\Omega$$

点评：所有设计的解都不唯一。上述设计可为晶体管 Q_R 的基极提供所需的基准电压。

练习题 3.3 重新设计图 3.5 所示的基准电压电路，电源电压 $V^+ = 0, V^- = -3.3\text{V}$。

要求基准电压为 $V_R = -1.0V, i_1 = i_2 = i_5 = 0.5mA$。

答案：$R_1 = 0.6k\Omega, R_2 = 3.2k\Omega, R_5 = 4.6k\Omega$。

3.1.3 ECL 逻辑电路的特性

本节将讨论 ECL 逻辑门的功耗、扇出系数以及传输延迟时间，并研究负电源供电的优点。

1. 功耗

功耗是逻辑电路的一项重要特性。图 3.5 所示的基本 ECL 逻辑门的功耗为

$$P_D = (i_{Cxy} + i_{CR} + i_5 + i_1 + i_3 + i_4)(0 - V^-) \tag{3.3}$$

例题 3.4 计算 ECL 逻辑电路的功耗。在图 3.5 所示的电路中，令 $v_X = v_Y = -0.7V =$ 逻辑 1。

解：根据之前的分析，$i_{Cxy} = 3.22mA, i_{CR} = 0, i_5 = 1.40mA, i_1 = 1.40mA$，输出电压为 $v_{OR} = -0.7V$ 和 $v_{NOR} = -1.40V$。电流 i_3 和 i_4 为

$$i_3 = \frac{v_{OR} - V^-}{R_3} = \frac{-0.7 - (-5.2)}{1.5} = 3.0mA$$

和

$$i_4 = \frac{v_{NOR} - V^-}{R_4} = \frac{-1.40 - (-5.2)}{1.5} = 2.53mA$$

于是功耗为

$$P_D = (3.22 + 0 + 1.40 + 1.40 + 3.0 + 2.53) \times 5.2 = 60.0mW$$

点评：该功耗比 NMOS 和 CMOS 逻辑电路要大得多。而 ECL 逻辑电路的优点是传输延迟时间较短，它可以低于 1ns。

练习题 3.4 图 3.5 所示的 ECL 电路中，假设晶体管 Q_3 和 Q_4 的最大电流为 1.0mA。①求解所需的 R_3 和 R_4 的值。②利用①的结果，计算 $v_X = v_Y = -0.7V$ 时电路中的功耗。

答案：①$R_3 = R_4 = 4.5k\Omega$；②$P = 40.8mW$。

2. 传输延迟时间

ECL 电路的主要优点是它的传输延迟时间较短，一般为 1ns 或更小的数量级。传输延迟时间短的原因主要有两个：①晶体管没有进入饱和区，避免了电荷存储效应；②ECL 门电路的逻辑电平变化很小（约 0.7V），这意味着输出电容上的压降不会像其他逻辑门电路那样变化很大。同时，ECL 电路的电流相对较大，这意味着输出电容可以快速充电和放电。然而，短传输延迟时间的代价是更大的功耗和更小的噪声容限。

ECL 电路很快，它们需要特别注意传输线的影响。设计不合适的 ECL 电路板可能会产生振荡。ECL 电路之间的连线要比其内部连线更容易遇到这些问题。所以要特别注意信号线之间的连接。

3. 扇出系数

图 3.6 给出 ECL 电路或逻辑输出的射极跟随器输出级，它用来驱动 ECL 负载电路的差分放大电路输入级。当 v_{OR} 为逻辑 0 时，输入负载晶体管 Q'_1 截止，可有效消除来自驱动输出级的负载电流。当 v_{OR} 为逻辑 1 时，输入负载晶体管导通，存在输入基极电流 i'_L。（截至目前，均忽略基极的直流电流，尽管它们不为零。）需要通过晶体管 Q_3 提供负载电流，Q_3

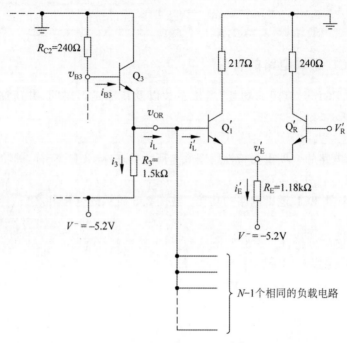

图 3.6　ECL 逻辑门的输出级,驱动 N 个相同的 ECL 输入级

的基极电流由电源通过 R_{C2} 提供。随着负载电路的增加,负载电流 i_L 增加,R_{C2} 上产生压降,输出电压下降。最大扇出系数部分取决于输出电压允许下降到理想逻辑 1 电平以下的最大幅度。

例题 3.5　基于直流负载效应,计算 ECL 逻辑门的最大扇出系数。图 3.6 所示电路中,假设在最坏情况下,晶体管的电流增益为 $\beta=50$。假设或逻辑输出的逻辑 1 电平最多允许下降 50mV,即从 -0.70V 下降到 -0.75V。

解：由图可知

$$i'_E = \frac{v_{OR} - V_{BE}(\text{on}) - V^-}{R_E} = \frac{-0.75 - 0.7 - (-5.2)}{1.18} = 3.18 \text{mA}$$

负载晶体管的基极输入电流为

$$i'_B = \frac{i'_E}{(1+\beta)} = \frac{3.18}{51} = 62.3 \mu A = i'_L$$

因此,总负载电流为 $i_L = N i'_L$。

产生负载电流 i_L 和电流 i_3 所需的基极电流 i_{B3} 为

$$i_{B3} = \frac{i_3 + i_L}{(1+\beta)} = \frac{0 - v_{B3}}{R_{C2}} = \frac{0 - [v_{OR} + V_{BE}(\text{on})]}{R_{C2}} \tag{3.4}$$

同理,由图可知

$$i_3 = \frac{v_{OR} - V^-}{R_3} = \frac{-0.75 - (-5.2)}{1.5} = 2.967 \text{mA}$$

根据式(3.4),此时的最大扇出系数满足方程

$$\frac{2.967 + N(0.0623)}{51} = \frac{0 - (-0.75 + 0.7)}{0.24}$$

由此可得 $N=122$。N 的取值应当为小于这一数值的最大整数。

点评：本题中的最大扇出系数由直流条件获得，不是实际值。在实际情况下，ECL 电路的最大扇出系数取决于传输延迟时间。每增加一个负载，负载电容大约增加 3pF。为使传输延迟时间保持在规定的范围内，通常最大扇出系数为 15。

练习题 3.5 在例题 3.5 中，如果扇出系数限制为 $N=10$，则或逻辑门的输出电压与空载时的 -0.70V 相比，会变化多少？

答案：$v_{OR}=-0.7170$V。

4. 负电源供电

在经典的 ECL 电路中，通常将供电电源的正端接地，以减少输出端的噪声信号。图 3.7(a) 所示为供电电源 V_{CC} 和一个噪声信号源 V_n 串联的射极跟随器输出级。噪声信号可能由寄生电感和寄生电容的交变电流效应所产生。输出电压是对地电压，因此，如果 V_{CC} 的正端接地，则输出电压为 V_O；如果 V_{CC} 的负端接地，则输出电压为 V_O'。

为了确定输出端的噪声电压影响，假设晶体管 Q_R 截止，对图 3.7(b) 所示的小信号混合 π 等效电路进行评估。

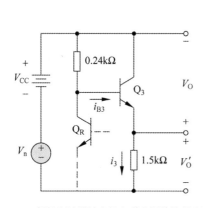
(a) ECL射极跟随器输出极和噪声源的等效电路

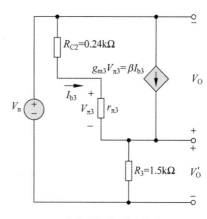
(b) 小信号混合π等效电路

图 3.7

例题 3.6 求解噪声信号在 ECL 门电路输出端产生的影响。图 3.7(b) 所示的小信号等效电路中，令 $\beta=100$。求解输出电压 V_O 和 V_O' 与噪声信号 V_n 的函数关系。

解：根据之前的分析，Q_R 截止时，晶体管 Q_3 的集电极静态电流为 3mA。于是有

$$r_{\pi 3}=\frac{\beta V_T}{I_{CQ}}=\frac{100\times 0.026}{3}=0.867\text{k}\Omega$$

和

$$g_{m3}=\frac{I_{CQ}}{V_T}=\frac{3}{0.026}=115\text{mA/V}$$

也可以将 V_n 表示为

$$V_n=I_{b3}(R_{C2}+r_{\pi 3})+(1+\beta)I_{b3}R_3$$

由此解得

$$I_{b3}=\frac{V_n}{R_{C2}+r_{\pi 3}+(1+\beta)R_3}=\frac{V_n}{0.24+0.867+101\times 1.5}=\frac{V_n}{152.6}$$

输出电压 V_O 为

$$V_O = -I_{b3}(R_{C2} + r_{\pi 3}) = -\left(\frac{V_n}{152.6}\right)(0.24 + 0.867) = -0.0073 V_n$$

输出电压 V'_O 为

$$V'_O = (1+\beta)I_{b3}R_3 = 101 \times \left(\frac{V_n}{152.6}\right) \times 1.5 = 0.99 V_n$$

点评：噪声信号对集电极-发射极间输出电压 V_O 的影响要比 V'_O 小得多。这意味着将 V_O 定义为输出更有利，即将 V_{CC} 的正端接地。在数字电路中，负电源供电可使电路对噪声不敏感，这对低噪声容限的逻辑电路至关重要。

练习题 3.6 若 Q_3 的偏置电流减小为 1mA，电阻 $R_3 = 4.5\text{k}\Omega$，重复例题 3.6。
答案：$V_O = -0.00621 V_n$，$V'_O = 0.9938 V_n$。

3.1.4 电压传输特性

电压传输曲线给出电路在两种逻辑状态之间切换时的电路特性。电压传输特性曲线还可以用来确定噪声容限。

1. 直流分析

利用两个输入晶体管和基准晶体管的折线化模型，可以得到近似度很好的电压传输特性。观察图 3.5 所示的 ECL 门，如果输入 v_X、v_Y 均为逻辑 0，即 -1.40V，则 Q_1、Q_2 截止，$v_{NOR} = -0.7$V。基准晶体管 Q_R 导通，与前面相同，$i_E = i_{C2} = 2.92\text{mA}$，$v_{B3} = -0.7$V，$v_{OR} = -1.40$V。只要 $v_X = v_Y$ 保持在 $V_R - 0.12 = -1.17$V 以下，输出电压就不会改变太多。当输入电压与基准电压 V_R 之差在 120mV 之内时，输出电压发生变化。

当 $v_X = v_Y = V_R + 0.12 = -0.93$V 时，$Q_1$、$Q_2$ 导通，Q_R 截止。此时，$i_E = i_{C1} = 3.03$mA，$v_{B4} = -0.657$V，$v_{NOR} = -1.36$V。由前面的结果可知，当 $v_X = v_Y = -0.7$V 时，$v_{NOR} = -1.40$V 时，电压传输特性如图 3.8 所示。

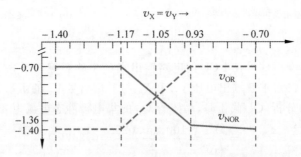

图 3.8 ECL 或/或非逻辑门电路的电压传输特性

2. 噪声容限

对于 ECL 逻辑门，将电压传输曲线上的转折点电平定义为阈值逻辑电平 V_{IL} 和 V_{IH}。这两个值为 $V_{IL} = -1.17$V 和 $V_{IH} = -0.93$V。逻辑高电平为 $V_{OH} = -0.7$V，逻辑低电平为 $V_{OL} = -1.40$V。

噪声容限定义为

$$NM_H = V_{OH} - V_{IH} \tag{3.5a}$$

和
$$NM_L = V_{IL} - V_{OL} \tag{3.5b}$$

利用图 3.8 的结果,可知 $NM_H = 0.23V$ 和 $NM_L = 0.23V$。ECL 电路的噪声容限要比 NMOS 和 CMOS 的低得多。

理解测试题 3.1 对于图 3.3 所示的 ECL 逻辑门,偏置电压 $V^+ = 1.8V$, $V^- = -1.8V$, $V_R = 0.75V$。假设 $V_{BE}(on) = 0.7V$,并忽略基极电流。①求解 R_E 和 R_{C2},使得当 $v_X = v_Y =$ 逻辑 $0 < V_R$ 时, $i_E = 0.8mA$, $v_{O2} = 1.1V$。②求解 R_{C1},使得当 $v_X = v_Y = 1.1V$ 时, $v_{O1} = 1.1V$,此时的 i_E 为多少?

答案: ① $R_E = 2.31k\Omega$, $R_{C2} = 0.875k\Omega$; ② $i_E = 0.951mA$, $R_{C1} = 0.736k\Omega$。

理解测试题 3.2 重新设计图 3.4 所示的 ECL 电路,使得 v_{OR} 和 v_{NOR} 的逻辑 0 电平为 $-1.5V$。i_E 的最大值为 $2.5mA$, i_3、i_4 的最大值为 $2.5mA$。偏置电压如图所示。求解所有电阻的值以及 V_R 的值。

答案: $R_E = 1.52k\Omega$, $R_{C1} = 320\Omega$, $V_R = -1.1V$, $R_{C2} = 358\Omega$, $R_3 = R_4 = 1.8k\Omega$。

3.2 改进型 ECL 电路

目标:分析和设计改进型发射极耦合逻辑电路。

基本 ECL 逻辑门电路的功耗较大,使得它在大规模集成电路方面的应用不太可行。可对电路做一些修改,简化电路设计,并降低功耗,使 ECL 更适合于集成电路。

3.2.1 低功耗 ECL 电路

图 3.9(a)所示电路为正电源供电、带基准电压 V_R 的基本 ECL 或/或非逻辑门电路。可以去掉射极跟随器输出级,使输出电压与输入电压匹配。在某些应用中,并不需要同时输出互补信号。例如,如果只需要或输出,就可以将电阻 R_{C1} 去掉。去掉这一电阻可能并不减少功耗,但减少了一个元件。

图 3.9(b)所示为改进型 ECL 门。当 $v_X = v_Y =$ 逻辑 $1 > V_R$ 时,晶体管 Q_1、Q_2 导通,Q_R 截止。输出电压为 $v_{OR} = V_{CC}$。当 $v_X = v_Y =$ 逻辑 $0 < V_R$ 时,晶体管 Q_1、Q_2 截止,Q_R 导通。电流为

$$i_E = \frac{V_R - V_{BE}(on)}{R_E} \approx i_{CR} \tag{3.6}$$

输出电压为
$$v_{OR} = V_{CC} - i_{CR}R_{C2} \tag{3.7}$$

由于制作误差,当不同电路中的电阻 R_E 和 R_{C2} 不同时,电流 i_E 和逻辑 0 电平也将各不相同。

如图 3.10 所示,为了使逻辑 0 电平为准确值,可以在 R_{C2} 的两端并联一只肖特基二极管。当两个输入均为逻辑 0 时,晶体管 Q_1、Q_2 截止,Q_R 导通。此时,肖特基二极管导通,输出为 $v_{OR} = V_{CC} - V_\gamma$,式中 V_γ 为肖特基二极管的开启电压。该逻辑 0 输出电压为准确值。当二极管导通时,电流 i_R 被限制在 $i_R(max) = V_\gamma/RC$。由于必须有 $i_E > i_R(max)$,于是二

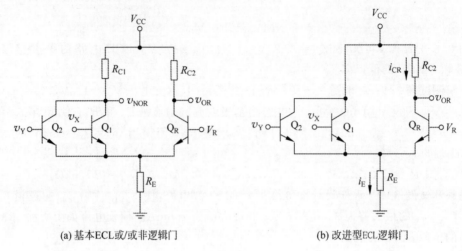

(a) 基本ECL或/或非逻辑门　　　　　(b) 改进型ECL逻辑门

图　3.9

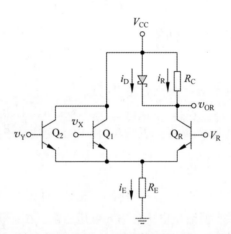

图 3.10　带肖特基二极管的改进型 ECL 逻辑门

极管的电流为 $i_D = i_E - i_R(\max)$。

习惯上，将基准电压设计为逻辑 1 和逻辑 0 电平的平均值，于是电压 V_R 为 $V_R = V_{CC} - V_\gamma/2$。可以假设 $V_\gamma = 0.4\text{V}$。当晶体管 Q_R 截止时，集电极电压为 V_{CC}，集电结反向偏置电压为 0.2V。当晶体管 Q_R 导通时，集电极电压为 $V_{CC} - V_\gamma$，这意味着此时集电结正向偏置，偏置电压为 0.2V，且晶体管偏置在轻微饱和的区域。但是这个轻度饱和并不会降低晶体管 Q_R 的开关速度，因此 ECL 电路的快速开关特性得以保留。

例题 3.7　分析改进型 ECL 逻辑门电路。图 3.10 所示电路的参数为 $V_{CC} = 1.7\text{V}$，$R_E = R_C = 8\text{k}\Omega$。假设二极管和晶体管的折线化模型参数为 $V_\gamma = 0.4\text{V}$ 和 $V_{BE}(\text{on}) = 0.7\text{V}$。

解：输出电压为 $v_{OR} =$ 逻辑 $1 = V_{CC} = 1.7\text{V}$ 和 $v_{OR} =$ 逻辑 $0 = V_{CC} - V_\gamma = 1.7 - 0.4 = 1.3\text{V}$。

为了使输出电压与输入电压匹配，基准电压 V_R 须为逻辑 1 和逻辑 0 电平的平均值，即 $V_R = 1.5\text{V}$。若 $v_X = v_Y =$ 逻辑 $0 = 1.3\text{V}$，则晶体管 Q_R 导通。因此

$$i_E = \frac{V_R - V_{BE}(\text{on})}{R_E} = \frac{1.5 - 0.7}{8} = 100\mu\text{A}$$

R_C 中的最大电流为

$$i_R(\max) = \frac{V_\gamma}{R_C} = \frac{0.4}{8} = 50\mu A$$

而流经二极管的电流为

$$i_D = i_E - i_R(\max) = 100 - 50 = 50\mu A$$

当 $v_X = v_Y =$ 逻辑 0 时,功耗为 $P = i_E V_{CC}$,即

$$P = i_E V_{CC} = 100 \times 1.7 = 170\mu W$$

当 $v_X = v_Y =$ 逻辑 1 = 1.7V 时,有

$$i_E = \frac{v_X - V_{BE}(\text{on})}{R_E} = \frac{1.7 - 0.7}{8} = 125\mu A$$

因此,此时的功耗为

$$P = i_E V_{CC} = 125 \times 1.7 = 213\mu W$$

点评:举例来说,由于制造工艺误差,如果 R_E 和 R_C 的值变化±20%,在晶体管 Q_R 导通时,电流的大小仍足以使肖特基二极管导通。也就是说,逻辑 0 输出电平为准确值。此外,这个例子中的 ECL 门电路的功耗也比经典 ECL 或/或非逻辑电路要低得多。功耗下降的原因是元器件减少、偏置电压更低以及电流更小了。

练习题 3.7 设计如图 3.11 所示的 ECL 逻辑门,使其最大功耗为 0.2mW,逻辑电平之间的电压差为 0.4V。

答案:$I_Q = 117.6\mu A, R_C = 3.4k\Omega, V_R = 1.5V$。

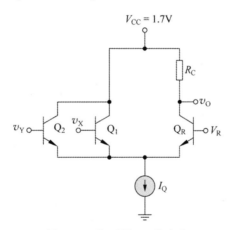

图 3.11 练习题 3.7 的电路

3.2.2 其他 ECL 门电路

如同所有的数字系统,在 ECL 系统中,门电路用于驱动其他逻辑门。在基本 ECL 门上连接负载电路,以此说明如何对它们进行修改,以便将 ECL 更有效地应用在集成电路中。

图 3.12 所示为带有两个负载电路的基本 ECL 门。在这个电路结构中,Q_2' 和 Q_2'' 的集电极电位相等,基极电位也相等。因此,可以用一只多发射极晶体管来代替晶体管 Q_2' 和 Q_2''。

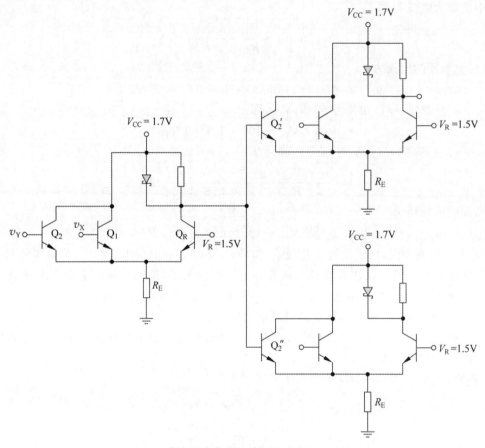

图 3.12 带有两个负载电路的改进型 ECL 逻辑门

如图 3.13 所示,多发射极晶体管 Q_O 是驱动电路的一部分。电路的工作原理如下。

(1) 当 $v_X = v_Y =$ 逻辑 $1 = 1.7V$ 时:两个输入晶体管 Q_1、Q_2 导通,Q_R 截止,$v_O = 1.7V$。由于 Q_O 的基极电压比 Q_R' 和 Q_R'' 的基极电压高,于是 Q_O 导通,Q_R' 和 Q_R'' 截止,$v_E' = v_E'' = 1.7 - 0.7 = 1.0V$。电流 i_E' 和 i_E'' 从 Q_O 的发射极流出,输出电压 $v_O' = v_O'' = 1.7V$。

(2) 当 $v_X = v_Y =$ 逻辑 $0 = 1.3V$ 时:此时,两个输入晶体管 Q_1、Q_2 截止,Q_R 导通,$v_O = 1.3V$。输出晶体管 Q_O 截止,Q_R' 和 Q_R'' 都导通。于是输出电压 $v_O' = v_O'' = 1.3V$。

图 3.13 中的两个负载电路都只有一个输入端,这限制了电路的功能。如图 3.14 所示,通过将负载晶体管 Q_R' 制作成多发射极晶体管,可增强电路的功能。简单起见,图中只画出了连接到两个驱动电路的单输入晶体管。在输入电压的不同组合下,这个电路的工作情况如下。

(1) 当 $v_1 = v_2 =$ 逻辑 $0 = 1.3V$ 时:两个输入晶体管 Q_1、Q_2 截止,两个基准晶体管 Q_{R1} 和 Q_{R2} 导通。也就是说 $v_{O1} = v_{O2} = 1.3V$,两个输出晶体管 Q_{O1} 和 Q_{O2} 都截止,Q_R' 的两个发射极均正向偏置,电流 i_{E1} 和 i_{E2} 流经 Q_R',输出电压 $v_O' =$ 逻辑 $0 = 1.3V$。

(2) 当 $v_1 = 1.7V$,$v_2 = 1.3V$ 时:Q_1 导通,Q_{R1} 截止,Q_2 截止,Q_{R2} 导通。输出电压 $v_{O1} = 1.7V$,$v_{O2} = 1.3V$。也就是说,Q_{O1} 导通,Q_{O2} 截止。由于 Q_{O1} 导通,电流 i_{E1} 流经 Q_{O1},发射极 E_1 没有电流流过。由于 Q_{O2} 截止,发射极 E_2 正向偏置,i_{E2} 流过 Q_R'。于是,输出电压 $v_O' =$ 逻辑 $0 = 1.3V$。

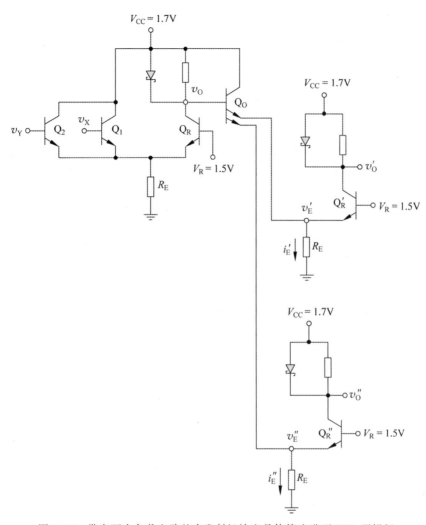

图 3.13 带有两个负载电路的多发射极输出晶体管改进型 ECL 逻辑门

(3) 当 $v_1=1.3\text{V}, v_2=1.7\text{V}$ 时：与刚刚讨论的情况正好相反。Q_{O1} 截止，Q_{O2} 导通。也就是说，电流 i_{E1} 流过 Q'_R 的发射极 E_1，电流 i_{E2} 流过 Q_{O2}。输出电压 $v'_O=$ 逻辑 $0=1.3\text{V}$。

(4) 当 $v_1=v_2=1.7\text{V}$ 时：两个输入晶体管 Q_1、Q_2 导通，两个基准晶体管 Q_{R1} 和 Q_{R2} 截止，$v_{O1}=v_{O2}=1.7\text{V}$。也就是说，$Q_{O1}$ 和 Q_{O2} 都导通，而 Q'_R 截止。电流 i_{E1} 和 i_{E2} 分别流过 Q_{O1} 和 Q_{O2}，输出电压 $v'_O=$ 逻辑 $1=1.7\text{V}$。

上述结果如表 3.1 所示，表明电路实现的是与逻辑函数。如果驱动电路有多个输入，则可以实现更复杂的逻辑功能。

表 3.1　图 3.14 所示 ECL 电路的分析结果小结

v_1/V	v_2/V	v'_O/V
1.3	1.3	1.3
1.7	1.3	1.3
1.3	1.7	1.3
1.7	1.7	1.7

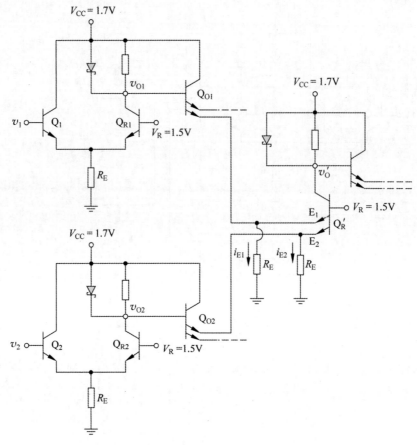

图 3.14　带多输入负载电路的两个 ECL 驱动电路

在集成电路中,电阻 R_E 用由晶体管制作而成的电流源代替。用晶体管代替电阻可以有效减小集成电路芯片的面积。

3.2.3　串联门

串联门是双极型逻辑电路技术,它能用最少的元器件、以最快的速度实现复杂的逻辑功能。串联门采用共射-共基电路。

图 3.15(a)所示为基本的发射极耦合对,而图 3.15(b)所示则为共射-共基电路,也称为两级串联门。基准电压 V_{R1} 比基准电压 V_{R2} 约高 0.7V。输入电压 v_X 和 v_Y 也必须相差 0.7V。

例如,利用图 3.14 所示的多发射极负载电路作为图 3.16 所示共射-共基放大电路的一部分。晶体管 Q_{O1}、Q_{O2} 和 Q_{O3} 为 ECL 驱动电路的输出晶体管。假设逻辑 1 电平为 2.5V,逻辑 0 电平为 2.1V。每个输出级引入一只肖特基二极管,形成 0.4V 的逻辑电压差值。

三个输入信号可有 8 种组合,在此仅讨论两种输入组合状态。

(1) 当 A＝B＝C＝逻辑 0＝2.1V 时:晶体管 Q_{O1}、Q_{O2} 和 Q_1 截止。这意味着电流 I_Q 流过 Q_2 和 Q_R,v_O＝逻辑 0＝2.1V。

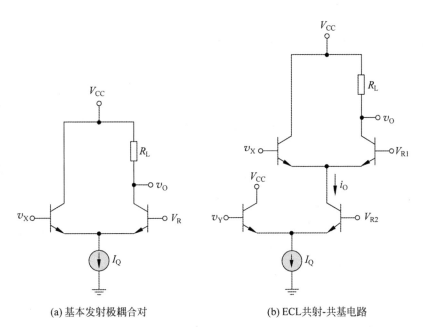

(a) 基本发射极耦合对　　　　(b) ECL共射-共基电路

图 3.15　基本发射极耦合对与共射-共基电路

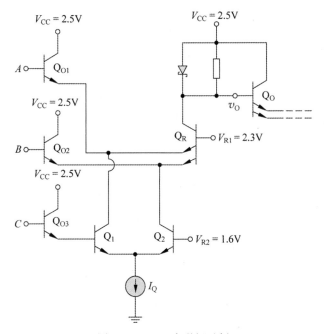

图 3.16　ECL 串联门示例

(2) 当 A=C=2.1V, B=2.5V 时：晶体管 Q_{O1} 和 Q_1 截止，Q_{O2} 导通，电流 I_Q 流过 Q_2 和 Q_{O2}。由于 Q_1 截止，即使 Q_{O1} 截止，Q_R 中也没有电流流过。输出 $v_O=$ 逻辑 $1=2.5\text{V}$。

为了使输出电压 v_O 为逻辑 1，Q_R 中必须没有电流流过。这只发生在 Q_{O1}、Q_{O2} 均导通或者 Q_R 的发射结导通但 Q_1 或 Q_2 中没有电流时。可以证明，这个电路实现的逻辑函数为

$$(A \text{ AND } C) \text{ OR } (B \text{ AND } \overline{C}) \tag{3.8}$$

现在,尝试将逻辑功能集成到一个电路,而不是用分立的、单个的逻辑门。这样既可减少元器件的数量,又可减少传输延迟时间。

图 3.17 所示为串联门电路的另一个例子,其中再次使用负电源供电。电路的工作原理如下:

- 当 $v_X = v_Y = $ 逻辑 $0 = -0.4\text{V}$ 时:晶体管 Q_1、Q_4 和 Q_7 导通,电流 I_Q 流过 Q_7 和 Q_4,二极管导通,输出电压为 -0.4V。
- 当 $v_X = -0.4\text{V}, v_Y = 0$ 时:晶体管 Q_1、Q_4 和 Q_6 导通,电流 I_Q 经 Q_6 和 Q_1 流向地,电流 I_{Q2} 流经 Q_4 和电阻。输出电压为 $v_O = -R_C I_{Q2} = -1 \times 0.05 = -0.05\text{V}$。这个电压不足以使肖特基二极管导通。尽管它不是 0V,但这个电压仍表示逻辑 1。
- 当 $v_X = 0\text{V}, v_Y = -0.4\text{V}$ 时:晶体管 Q_2、Q_3 和 Q_7 导通,电流 I_Q 通过 Q_7 和 Q_3 流向地,电流 I_{Q1} 流经 Q_2 和电阻。同样,$v_O = -0.05\text{V} = $ 逻辑 1。
- 当 $v_X = v_Y = $ 逻辑 $1 \approx 0\text{V}$ 时:晶体管 Q_2、Q_3 和 Q_6 导通,电流 I_Q 流经 Q_6、Q_2 和肖特基二极管,输出电压 $v_O = -0.4\text{V} = $ 逻辑 0。

上述结果如表 3.2 所示,其中给出逻辑电平。这些结果表明,这个电路实现了异或逻辑函数。

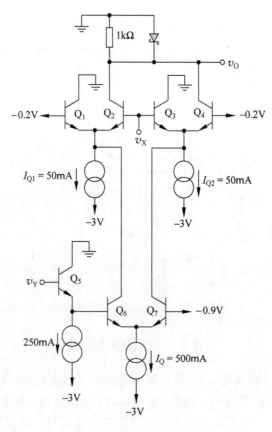

图 3.17 ECL 串联门示例

表 3.2　图 3.17 所示 ECL 电路的逻辑电平小结

v_x	v_y	v_O
0	0	0
0	1	1
1	0	1
1	1	0

3.2.4　传输延迟时间

ECL 是最快速的双极型逻辑电路。双极型技术可以制作出小而快的晶体管,它的截止频率可以达到 3~15GHz。使用这种晶体管的逻辑门速度很快,传输延迟时间主要受控于互联线的延迟。减小互联延迟包括使金属线长度最短,以及充分利用电流驱动能力。

速度快源于较小的信号逻辑电平摆幅、非饱和逻辑和较大的负载电容驱动能力。图 3.18 所示为很多 ECL 电路中使用的射极跟随器输出级,图中给出等效负载电容。通常,射极跟随器电流 I_Q 比电源电流大 2~4 倍。

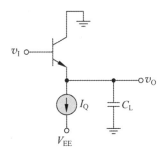

图 3.18　带负载电容的射极跟随器输出级

在下拉期间,电流 I_Q 使电容 C_L 放电,电容的电流、电压关系为

$$i = C_L \frac{dv_O}{dt} \tag{3.9a}$$

即

$$v_O = \frac{1}{C_L} \int i \, dt \tag{3.9b}$$

假设 C_L 和 $i = I_Q$ 为常数,则下降时间为

$$\tau_F = (0.8) \frac{C_L V_S}{I_Q} \tag{3.10}$$

其中 V_S 为逻辑电平的电压摆幅,系数 0.8 是由于 τ_F 定义为信号从它终了值的 10% 变化到 90% 所用的时间。

举例来说,如果 $V_S = 0.4\text{V}$,$I_Q = 250\mu\text{A}$,可以求得最短下降时间 $\tau_F = 0.8\text{ns}$ 时,最大的负载电容为 $C_L(\max) = 0.625\text{pF}$。这个计算结果表明,为了实现短传输延迟时间,必须将负载电容最小化。

理解测试题 3.3　观察图 3.16 所示 ECL 电路。对于输入状态的 8 种不同组合,求解每个晶体管的导通情况(导通/截止),并验证电路实现了式(3.18)所给出的逻辑函数。

理解测试题 3.4 图 3.19 所示为三级串联门的 ECL 电路示例。求解电路所实现的逻辑函数。

答案：$(A\oplus B)\oplus C$。

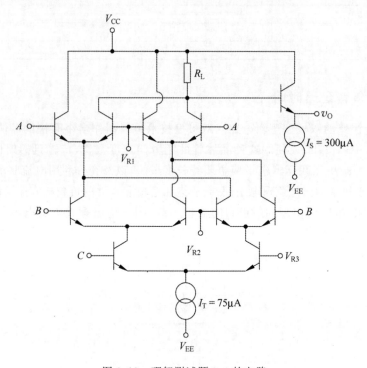

图 3.19 理解测试题 3.4 的电路

3.3 晶体管-晶体管逻辑电路

目标：分析晶体管-晶体管逻辑电路。

双极型反相器是最基本的双极型电路,在它的基础上形成了二极管-三极管逻辑电路(DTL)和晶体管-晶体管逻辑电路(TTL)等双极型饱和逻辑电路。然而,基本双极型反相器电路会受负载效应的影响,二极管-三极管逻辑电路则综合了二极管逻辑电路和双极型反相器的优点,使负载效应最小化。晶体管-晶体管逻辑电路由 DTL 电路直接演变而来,将会看到,它进一步缩短了传输延迟时间。

在 DTL 和 TTL 电路中,双极型晶体管工作在截止或饱和状态。由于晶体管基本上用作电流开关,电流增益就不像放大电路中那么重要了。一般认为,此类电路中晶体管的电流增益为 25～50。这些晶体管在制作时不必像高增益放大电路中的晶体管那样要求误差很小。

表 3.3 列出了双极型数字电路分析中所使用的晶体管折线化模型参数,并给出它们的典型值。此外,还包含 PN 结二极管的开启电压 V_γ。一般来说,当晶体管进入饱和区时,发射结电压会由于基极电流的增加而增加。当晶体管偏置在饱和区时,发射结的电压为 $V_{BE}(\text{sat})$,其中 $V_{BE}(\text{sat}) > V_{BE}(\text{on})$。

表 3.3 PN 结二极管和 NPN 双极型晶体管的折线化模型参数

参　　数	值	参　　数	值
V_γ	0.7V	$V_{BE}(\text{sat})$	0.8V
$V_{BE}(\text{on})$	0.7V	$V_{CE}(\text{sat})$	0.1V

3.3.1 基本二极管-三极管逻辑门

图 3.20 所示为基本二极管-三极管逻辑(DTL)门。这个电路设计成使输出晶体管工作在截止或饱和状态。这可以使输出电压的摆幅最大、将负载效应最小化，并获得最大噪声容限。当 Q_O 饱和时，输出电压 $v_O = V_{CE}(\text{sat}) \approx 0.1\text{V}$，定义为 DTL 电路的逻辑 0。将会看到，图 3.20 所示的基本 DTL 逻辑门实现了与非逻辑功能。

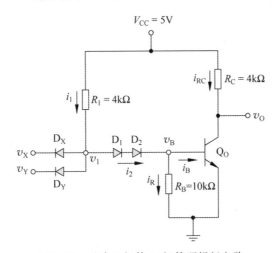

图 3.20 基本二极管-三极管逻辑门电路

1. 基本 DTL 与非电路的工作原理

当输入信号 v_X 和 v_Y 均为逻辑 0 时，两个输入二极管 D_X 和 D_Y 都通过电阻 R_1 和电源 V_{CC} 正向偏置。输入二极管导通，电压 v_1 被钳位在输入电压加上一个二极管的导通压降。当 $v_X = v_Y = 0.1\text{V}, V_\gamma = 0.7\text{V}$ 时，$v_1 = 0.8\text{V}$。二极管 D_1 和 D_2 以及输出晶体管 Q_O 截止。当二极管 D_1 和 D_2 导通时，对于 $V_\gamma = 0.7\text{V}$，电压 v_B 将为 -0.6V。然而，v_B 为负电压而同时具有一个正向偏置的二极管电流是不可能的。由此，二极管 D_1 和 D_2 以及输出晶体管 Q_O 中均无电流，电压 v_B 为零。由于 Q_O 截止，输出电压 $v_O = V_{CC}$。这是最大可能输出电压，定义为逻辑 1 电平。这个结果同样适用于至少有一个输入信号为逻辑 0 的情况。

当输入信号 v_X 和 v_Y 均为逻辑 1，即等于 V_{CC} 时，两个输入二极管 D_X 和 D_Y 都截止。二极管 D_1 和 D_2 变为正向偏置，输出晶体管 Q_O 偏置在饱和区，因而 $v_O = V_{CE}(\text{sat})$。这是最小可能输出电压，定义为逻辑 0 电平。

综上所述，该电路为 2 输入 DTL 与非逻辑门。而这个电路并不局限于只有两个输入，还可以增加额外的输入二极管以增加扇入系数。

例题 3.8　求解 DTL 逻辑电路的电流和电压。在图 3.20 所示的 DTL 电路中，假设晶体管参数与表 3.3 所给出的相同，令 $\beta = 25$。

解： 令 $v_X = v_Y = $ 逻辑 $0 = 0.1\text{V}$，此时有

$$v_1 = v_X + V_\gamma = 0.1 + 0.7 = 0.8\text{V}$$

和

$$i_1 = \frac{V_{CC} - v_1}{R_1} = \frac{5 - 0.8}{4} = 1.05\text{mA}$$

由于二极管 D_1 和 D_2 以及输出晶体管 Q_O 截止，假设两个匹配二极管 D_X 和 D_Y 平分电流 i_1，则电流 $i_2 = i_B = i_C = 0$，输出电压 $v_O = 5\text{V} = $ 逻辑 1。

当 $v_X = 0.1\text{V}, v_Y = 5\text{V}$，或者 $v_X = 5\text{V}, v_Y = 0.1\text{V}$ 时，输出晶体管仍然保持截止，$v_O = 5\text{V} = $ 逻辑 1。当 $v_X = v_Y = $ 逻辑 $1 = 5\text{V}$ 时，输入二极管 D_X 和 D_Y 不可能同时正向偏置。此时二极管 D_1、D_2 和输出晶体管 Q_O 均导通，这意味着，与 Q_O 发射极的地电平相对，电压 v_1 为

$$v_1 = V_{BE}(\text{sat}) + 2V_\gamma = 0.8 + 2 \times 0.7 = 2.2\text{V}$$

电压 v_1 被钳位在该电压值，不会再增加。可以看到，二极管 D_X 和 D_Y 的确因反向偏置而关断，与假设一致。电流 i_1 和 i_2 为

$$i_1 = i_2 = \frac{V_{CC} - v_1}{R_1} = \frac{5 - 2.2}{4} = 0.70\text{mA}$$

电流 i_R 为

$$i_R = \frac{V_{BE}(\text{sat})}{R_B} = \frac{0.8}{10} = 0.08\text{mA}$$

于是，输出晶体管的基极电流为

$$i_B = i_2 - i_R = 0.70 - 0.08 = 0.62\text{mA}$$

由于电路被设计为晶体管 Q_O 偏置在饱和区，集电极电流为

$$i_C = \frac{V_{CC} - V_{CE}(\text{sat})}{R_C} = \frac{5 - 0.1}{4} = 1.23\text{mA}$$

最后，集电极与基极电流之比为

$$\frac{i_C}{i_B} = \frac{1.23}{0.62} = 1.98 < \beta$$

点评： 由于集电极与基极电流之比小于 β，所以输出晶体管偏置在饱和区。由于输出晶体管要么截止，要么饱和，因此可得到逻辑 0 和逻辑 1 之间的最大摆幅。

练习题 3.8 图 3.20 所示的 DTL 电路中，电路和晶体管参数同例题 3.8。假设输出端空载，计算以下情况电路的功耗：① $v_X = v_Y = 5\text{V}$；② $v_X = v_Y = 0$。

答案： ① $P = 9.625\text{mW}$；② $P = 5.375\text{mW}$。

2. 最小 β 值

为了确保输出晶体管偏置在饱和区，共射电流增益 β 必须至少与集电极和基极电流的比值相等。例如在例题 3.8 中，β 的最小值 $\beta_{\min}$ 为 1.98。如果共射电流增益小于 1.98，则 Q_O 不可能偏置在饱和区，需要重新计算电路的电流和电压。电流增益大于 1.98，可确保在给定电路参数和空载情况下，Q_O 偏置在饱和区。

3. 下拉电阻

在如图 3.20 所示的基本 DTL 与非逻辑门电路中，输出晶体管的基极与地之间连接了

电阻 R_B。这一电阻称为下拉电阻,目的是减少输出晶体管从饱和区变换到截止区时的开关时间。如前面所讨论,在晶体管切换到截止区之前,必须清除基极的过剩少子。在晶体管关断之前,这些电荷的消除会产生从晶体管的基极流出的电流。没有下拉电阻时,基极的反向电流限制为二极管 D_1 和 D_2 的反向偏置漏电流,这就导致相对较长的关断时间。下拉电阻为基极的反向电流提供通路。

减小 R_B 的值,可以加快基极电荷的释放。基极反向电流越大,晶体管的关断时间越短。然而,电阻 R_B 值的大小必须折中考虑。小的 R_B 值虽然能使关断时间很短,但在晶体管导通时会降低基极电流,将一部分电流分流,流入地。更小的基极电流降低了电路的驱动能力或最大扇出系数。

3.3.2 TTL 的输入晶体管

图 3.21(a)所示为带输入二极管 D_X 以及偏置二极管 D_1 的基本 DTL 门电路。背靠背连接的二极管结构相当于图 3.21(b)所示的 NPN 型晶体管。Q_1 的发射结对应于输入二极管 D_X,集电结对应于偏置二极管 D_1。

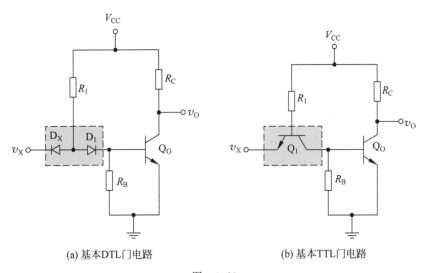

(a) 基本DTL门电路　　　　(b) 基本TTL门电路

图　3.21

在等平面集成电路技术中,双极型晶体管的发射极制作在基极区域。可以在同一个基极区域中增加更多的发射极,构成多发射极或多输入器件。图 3.22(a)所示为 3 发射极晶体管的简易剖面图,它在 TTL 电路中用作输入器件。图 3.22(b)所示为带多发射极输入晶体管的基本 TTL 电路。

这个电路和相应的 DTL 电路一样,实现与非逻辑功能。与 DTL 电路的输入二极管相比,多发射极晶体管减少了硅区域面积,并加快了开关速度。在输出电压由低电平变为高电平的转换过程中,晶体管 Q_1 辅助将输出晶体管 Q_O 从饱和状态退出,进入截止区。由于 Q_O 基极的过剩少子由晶体管 Q_1 提供对地释放通路,所以不再需要图 3.21(b)所示的下拉电阻 R_B。

输入晶体管 Q_1 的作用与之前所讨论过的不太一样。图 3.23(a)中,如果 Q_1 两个输入中的一个为低电平或两个都为低电平,则发射结通过电阻 R_1 和电源 V_{CC} 正向偏置。基极

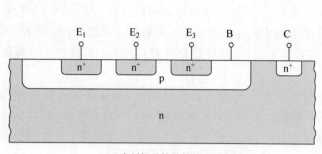
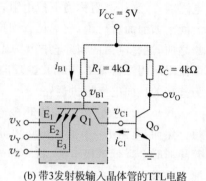

(a) 3发射极晶体管的简易剖面图　　　　(b) 带3发射极输入晶体管的TTL电路

图 3.22

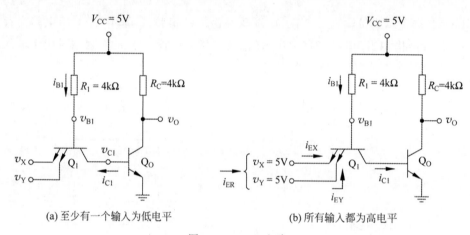

(a) 至少有一个输入为低电平　　　　(b) 所有输入都为高电平

图 3.23　TTL 电路

电流流入 Q_1，发射极电流从连接到低输入电平的发射极流出。晶体管的作用使得集电极电流流入 Q_1，但在稳态时这个方向的集电极电流为晶体管 Q_O 基极的反向偏置饱和电流。所以静态时 Q_1 集电极的电流比基极电流要小很多，这意味着 Q_1 偏置在饱和区。

当至少有一个输入为低电平，使得 Q_1 偏置在饱和区时，根据图 3.23(a) 可知，Q_1 的基极电压为

$$v_{B1} = v_X + V_{BE}(\text{sat}) \tag{3.11}$$

而 Q_1 的基极电流为

$$i_{B1} = \frac{V_{CC} - v_{B1}}{R_1} \tag{3.12}$$

如果 Q_1 的正向电流增益为 β_F，则只要 $i_{C1} < \beta_F i_{B1}$，Q_1 就将偏置在饱和区。Q_1 的集电极电压为

$$v_{C1} = v_X + V_{CE}(\text{sat}) \tag{3.13}$$

当 v_X 和 $V_{CE}(\text{sat})$ 均约等于 0.1V 时，v_{C1} 足够小，使得输出晶体管截止，$v_O = V_{CC} =$ 逻辑 1。

如图 3.23(b) 所示，如果所有输入均为高电平，即 $v_X = v_Y = 5V$，则输入晶体管的发射结反向偏置。基极电压 v_{B1} 增加，使得 Q_1 的集电结正向偏置，并驱动输出晶体管 Q_O 进入饱和状态。由于 Q_1 的发射结反偏，而集电结正偏，所以 Q_1 工作在反向放大模式，即倒置状

态。在这种偏置状态下,发射极和集电极的角色互换。

当输入晶体管 Q_1 偏置在反向放大模式时,基极电压 v_{B1} 为

$$v_{B1} = V_{BE}(\text{sat})Q_O + V_{BC}(\text{on})Q_1 \tag{3.14}$$

其中,$V_{BC}(\text{on})$ 为晶体管集电结的开启电压。假设集电结的开启电压等于发射结的开启电压,则 Q_1 各端子电流之间的关系为

$$i_{EX} = i_{EY} = \beta_R i_{B1} \tag{3.15}$$

和

$$i_{C1} = i_{B1} + i_{EX} + i_{EY} = (1 + 2\beta_R)i_{B1} \tag{3.16}$$

其中,β_R 为倒置状态下输入晶体管每个发射极的电流增益。

由于双极型晶体管并不对称,正向放大和反向放大的电流增益不相等。反向电流增益一般很小,通常小于 1。在图 3.23(b)所示的电路中,输入晶体管有两个输入端。晶体管 Q_1 可以等效为基极和集电极分别相连的两个独立晶体管。简单起见,当所有输入端均为高电平时,假设电流 i_{ER} 在各输入发射极中平均分配。

反向放大模式下,流入 Q_1 发射极的电流并不理想,因为它是驱动逻辑电路输出为高电平时必须提供的负载电流。由于晶体管的作用,这些电流一般比 DTL 电路输入二极管的反向饱和电流要大。与 DTL 电路相比,TTL 电路的主要优点是输出晶体管从饱和区切换到截止区的速度更快。

若所有输入的初始值均为高电平,然后至少有一个输入变为逻辑 0 状态,即 0.1V,则 Q_1 的发射结正向偏置,基极电压 v_{B1} 大约变为 $0.1+0.7=0.8$V。只要输出晶体管 Q_O 保持饱和状态,集电极电压 v_{C1} 就保持为 0.8V。此时,Q_1 偏置在正向放大区。可能存在一个流入 Q_1 的大集电极电流,它能使 Q_O 基极的过剩少子被迅速消除。Q_O 的基极产生的这个很大的反向偏置电流将使输出晶体管迅速退出饱和区。与 DTL 逻辑电路相比,TTL 电路输入晶体管的作用减小了传输延迟时间。例如,DTL 与非门的传输延迟时间为 40ns,而同等 TTL 与非门的传输延迟时间仅为 10ns。

3.3.3 基本 TTL 与非电路

通过增加一个电流增益级,可以改进图 3.23 所示的简单 TTL 电路的性能。所得的基本 TTL 与非电路如图 3.24 所示。在这个电路中,当 $v_X = v_Y =$ 逻辑 1 时,晶体管 Q_2 和 Q_O 均工作在饱和区。当至少有一个输入由高电平变为低电平时,输入晶体管 Q_1 迅速将 Q_2 拉出饱和区,下拉电阻 R_B 为 Q_O 的过剩电荷提供放电通路,也就是说输出晶体管可以迅速被关断。

如以下例题所示,TTL 电路的分析与 DTL 电路十分相似。

例题 3.9 计算基本 TTL 与非电路的电流和电压。在图 3.24 所示 TTL 电路中,假设晶体管的折线化模型参数如表 3.3 所示,同时假设正向电流增益 $\beta_F = \beta = 25$,每个输入发射极的反向电流增益 $\beta_R = 0.1$。

解:当 $v_X = v_Y = 0.1$V 时,Q_1 偏置在饱和区。有

$$v_{B2} = v_X + v_{CE}(\text{sat}) = 0.1 + 0.1 = 0.2\text{V}$$

这意味着 Q_2 和 Q_O 均截止。于是,基极电压 v_{B1} 为

$$v_{B1} = v_X + v_{BE}(\text{sat}) = 0.1 + 0.8 = 0.9\text{V}$$

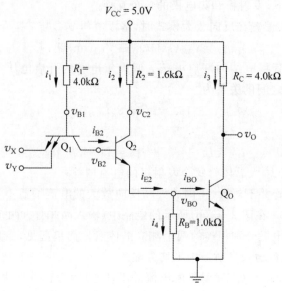

图 3.24 标出电流和电压的 TTL 电路

电流 i_1 为

$$i_1 = \frac{V_{CC} - v_{B1}}{R_1} = \frac{5 - 0.9}{4} = 1.03 \text{mA}$$

该电流由输入晶体管的发射极流出。由于 Q_2 和 Q_O 均截止,所以其他电流均为零,输出电压 $v_O = 5V$。

当 $v_X = v_Y = 5V$ 时,输入晶体管偏置在反向放大模式。基极电压 v_{B1} 为

$$v_{B1} = V_{BE}(\text{sat})Q_O + v_{BE}(\text{sat})Q_2 + V_{BC}(\text{on})Q_1$$
$$= 0.8 + 0.8 + 0.7 = 2.3 \text{V}$$

集电极电压 v_{C2} 为

$$v_{C2} = V_{BE}(\text{sat})Q_O + V_{CE}(\text{sat})Q_2 = 0.8 + 0.1 = 0.9 \text{V}$$

电流为

$$i_1 = \frac{V_{CC} - v_{B1}}{R_1} = \frac{5 - 2.3}{4} = 0.675 \text{mA}$$

和

$$i_{B2} = (1 + 2\beta_R)i_1 = (1 + 0.2) \times 0.675 = 0.810 \text{mA}$$

同理

$$i_2 = \frac{V_{CC} - v_{C2}}{R_2} = \frac{5 - 0.9}{1.6} = 2.56 \text{mA}$$

也即

$$i_{E2} = i_2 + i_{B2} = 2.56 + 0.81 = 3.37 \text{mA}$$

下拉电阻中的电流为

$$i_4 = \frac{V_{BE}(\text{sat})}{R_B} = \frac{0.8}{1} = 0.8 \text{mA}$$

输出晶体管的基极电流为

$$i_{BO} = i_{E2} - i_4 = 3.37 - 0.8 = 2.57 \text{mA}$$

电流 i_3 为

$$i_3 = \frac{V_{CC} - V_{CE}(\text{sat})}{R_C} = \frac{5 - 0.1}{4} = 1.23 \text{mA}$$

点评：如前所述，基本 TTL 电路的分析与 DTL 电路的分析基本相同。基本 TTL 电路中的电流和电压的大小也与 DTL 电路中的结果非常相近。

练习题 3.9 图 3.24 所示的 TTL 与非电路的参数为 $R_1 = 12\text{k}\Omega, R_2 = 4\text{k}\Omega, R_B = 2\text{k}\Omega, R_C = 6\text{k}\Omega$。假设 $\beta_F = \beta = 25, \beta_R = 0.1$（对于每个输入发射极）。计算空载时各晶体管的基极和集电极电流：① $v_X = v_Y = 0.1\text{V}$；② $v_X = v_Y = 5\text{V}$。

答案：① $i_1 = i_{B1} = 0.342\text{mA}, i_{C1} \approx 0, i_{B2} = i_{C2} = 0, i_{BO} = i_{CO} = 0$；② $i_1 = i_{B1} = 0.225\text{mA}, i_{B2} = |i_{C1}| = 0.27\text{mA}, i_2 = i_{C2} = 1.025\text{mA}, i_{BO} = 0.895\text{mA}, i_{CO} = 0.8167\text{mA}$。

3.3.4 TTL 输出级和扇出系数

用电流源代替输出端的集电极电阻，可以减小传输延迟时间。当输出由低变为高时，负载电容通过流经集电极上拉电阻的电流充电。总的负载电容包含负载电路的输入电容和以及连接线的寄生电容。当负载电容为 15pF、集电极电阻为 4kΩ 时，相应的 RC 时间常数为 60ns，与商业化的 TTL 电路相比，这样的时间算很长了。

1. 图腾柱型输出级

图 3.25 中的 Q_3、D_1 以及 Q_O 组成一个称为图腾柱的输出级。晶体管 Q_2 构成分相电路，因为其集电极和发射极电压的相位相差 180°。当 $v_X = v_Y =$ 逻辑 1 时，输入晶体管 Q_1 偏置在反向放大模式，Q_2 和 Q_O 均偏置在饱和区。晶体管 Q_3 的基极电压为

$$v_{B3} = V_{C2} = V_{BE}(\text{sat})Q_O + V_{CE}(\text{sat})Q_2 \tag{3.17}$$

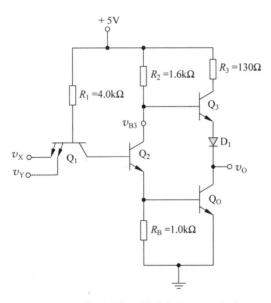

图 3.25 带图腾柱型输出级的 TTL 电路

其值约为 0.9V,电路的输出电压约为 0.1V。Q_3 的基极电压和输出电压之间的差值不足以同时使 Q_3 和 D_1 导通。考虑 D_1 的 PN 结偏置电压,输出为低电平时,Q_3 截止。此时,饱和导通的输出晶体管使负载电容迅速放电,将输出电压迅速拉低。

当 $v_X = v_Y =$ 逻辑 0 时,Q_2 和 Q_O 截止,Q_3 的基极电压变为高。晶体管 Q_3 和二极管 D_1 导通,从而对负载电容充电,使得输出变为高电平。由于 Q_3 工作为射极跟随器,输出电阻很小,因此负载电容的充电 RC 时间常数非常小。

2. 扇出系数

逻辑门一般不单独工作,而是用来驱动其他相同类型的逻辑门,以实现复杂的逻辑功能。图 3.26 所示为带图腾柱型输出级的 TTL 与非电路,它连接了 N 个相同的 TTL 与非电路。最大扇出系数定义为在电路正常工作的前提下,可以连接到逻辑门输出端的相同类型逻辑电路的最大数目。例如,当输出端变为逻辑 0 时,输出晶体管 Q_O 必须保持偏置在饱和区。对于给定的 β 值,就有一个最大允许负载电流。由此,输出端可以连接的负载电路的最大数目也随之确定。另外一种情况,通常规定输出晶体管集电极的最大电流。输出为低电平时,电流 i_{LL} 为 Q_O 必须从负载电路吸收的负载电流。

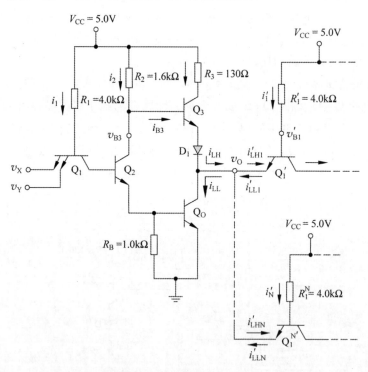

图 3.26 带图腾柱型输出级的 TTL 电路,用于驱动 N 个相同的 TTL 电路

例题 3.10 计算输出低电平时的最大扇出系数,令输出晶体管的 $\beta = 25$。

解:(输出晶体管 Q_O 保持在饱和区):在例题 3.9 中,已经计算得到 Q_O 的基极电流为 $i_{BO} = 2.57$mA。输出电压 $v_O = 0.1$V,使得 $v'_{B1} = 0.1 + 0.8 = 0.9$V。于是各负载电流为

$$i'_{LL1} = i'_1 = \frac{5 - 0.9}{4} = 1.025 \text{mA}$$

Q_O 的最大集电极电流为

$$i_{CO}(\max) = \beta i_{BO} = Ni'_{LL1}$$

于是可以求得最大扇出系数 N 为

$$N = \frac{\beta i_{BO}}{i'_{LL1}} = \frac{25 \times 2.57}{1.025} = 62.7$$

负载电路的个数必须为整数,所以 N 取小于 62.7 的最大整数,即 $N=62$。输出端连接有 62 个负载电路时,集电极电流为

$$i_{CO} = Ni'_{LL1} = 62 \times 1.025 = 63.55 \text{mA}$$

这是一个相对比较大的值。大多数情况下,输出晶体管的最大允许集电极电流限制了最大扇出系数的大小。

解(最大额定输出电流):如果输出晶体管的最大额定集电极电流为 $i_{CO}(\text{rated}) = 20\text{mA}$,则最大扇出系数为

$$i_{CO}(\text{rated}) = Ni'_{LL1}$$

即

$$N = \frac{i_{CO}(\text{rated})}{i'_{LL1}} = \frac{20}{1.025} = 19.5 \approx 19$$

点评:在第一个解答中,由于输出晶体管的电流太大,因此所得到的扇出系数 62 并不切实际。第二个解答中的最大扇出系数 19 更接近实际。然而,电路正常工作的另外一个限制条件是传输延迟时间。当输出端连接大量的负载电路时,输出负载电容可能变得很大,这将降低开关速度而导致无法接受。因此,最大扇出系数可能受到传输延迟时间规格的限制。

练习题 3.10 重新设计图 3.25 所示的 TTL 电路,$R_1 = 12\text{k}\Omega$,$R_2 = 4\text{k}\Omega$,$R_3 = 100\Omega$,$R_B = 2\text{k}\Omega$。假设 $\beta_F = \beta = 25$,$\beta_R = 0.1$(对每个输入发射极)。计算当 $v_X = v_Y = 3.6\text{V}$ 时以下情况的最大扇出系数。①输出晶体管必须保持在饱和区。②输出晶体管的最大集电极电流限制为 12mA。

答案:①$N = 65$;②$N = 35$。

图 3.26 再次给出带有 N 个相同负载电路的 TTL 电路,其中输入均为低电平。输入晶体管偏置在饱和区,Q_2 和 Q_O 截止,使得基极电压 v_{B3} 和输出电压为高。负载电路的输入晶体管偏置在反向放大模式,负载电流由电源通过 Q_3 和 D_1 提供。在这个电路中,负载门的输入晶体管为单输入与非(反相器)门,以此说明当输入为高电平时的最大负载电流,即最坏情况。由于负载电流通过 Q_3 提供,流入 Q_3 的基极电流必须由 V_{CC} 通过电阻 R_2 提供。随着负载电流的增加,流过电阻 R_2 的基极电流增加,也就是由于 R_2 的压降减小,电压 v_{B3} 减小。假设 Q_3 的发射结电压和二极管 D_1 的导通压降基本保持恒定,则输出电压 v_O 将从其最大值开始下降。

输出为高电平时的合理扇出系数为 10 或 15,这意味着负载电流会比较小,基极电流 i_{B3} 也很小,所以 R_2 上的压降可以忽略不计。于是,输出电压大约为 V_{CC} 减去两个二极管的导通压降。对于典型的 TTL 电路,逻辑 1 电平 V_{OH} 大约为 3.6V,而不是之前定义的 5V。

3. 改进型图腾柱型输出级

图 3.27 所示为改进型图腾柱型输出级,其中用晶体管 Q_4 代替二极管。这么做有 3 个优点。第一,晶体管对 Q_3 和 Q_4 可以提供更大的电流增益,进而使得电路输出高电平时的扇出能力得到提高。第二,输出高电平时,与单晶体管输出相比,具有更小的输出阻抗,从而

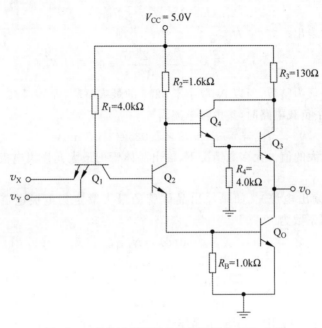

图 3.27　带改进型图腾柱型输出级的 TTL 电路

减小了开关时间。第三，Q_3 的发射结充当了二极管 D_1 的作用，所以不再需要二极管来提供电压偏移。在集成电路中，晶体管的制作并不比二极管复杂。

当输出端变为低电平时，电阻 R_4 为晶体管 Q_3 基极的过剩少子提供对地放电通路，使得 Q_3 快速关断。注意，当输出为低时，晶体管 Q_2 和 Q_O 偏置在饱和区，Q_4 的基极电压约为 0.9V，它足以使 Q_4 偏置在放大区。而 Q_4 的发射极电压只有大约 0.2V，这意味着 Q_4 的电流很小，不会带来很大的功率损耗。

3.3.5　三态输出

不管输出为高电平还是低电平，图腾柱型输出 TTL 逻辑电路的输出阻抗都非常小。在存储电路应用中，常常需要将许多 TTL 门电路的输出连在一起，形成单个输出端。这就要求一个 TTL 电路工作时，其他 TTL 电路不工作或者呈现高阻状态，如图 3.28 所示。在这个电路中，G_1 和 G_3 与输出端断开，输出电压 v_O 只反映逻辑门 G_2 的输出状态。

图 3.29 所示的 TTL 电路则可用来将逻辑输出置为高阻状态。当 $\overline{D}=5V$ 时，输入晶体管 Q_1 的状态受输入信号 v_X 和 v_Y 的控制。此时，二极管 D_2 始终为反向偏置，电路实现之前提到的与非逻辑功能。

当 $\overline{D}$ 变为逻辑 0 即 0.1V 时，Q_1 发射极的低电平确保 Q_2 和 Q_O 截止，加在二极管 D_2 两端的低电压使之正向偏置。Q_4 的基极电压约为 0.8V，这意味着 Q_3 也截止。此时，输出晶体管 Q_O 和 Q_3 均截止。从截止的晶体管往里看的阻抗通常高达数兆欧。因此，当 TTL 电路并联以扩大数字系统的功能

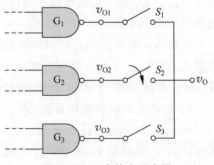

图 3.28　三态输出示意图

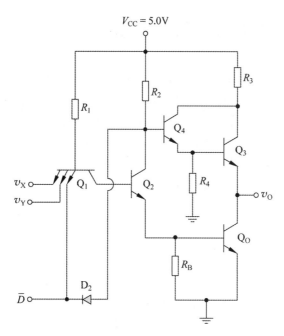

图 3.29 带三态输出级的 TTL 电路

时,可通过 $\overline{D}$ 选择线使三态输出级工作或不工作。任意时刻只能有一个 TTL 电路的输出级处于工作状态。

理解测试题 3.5 图 3.20 所示 DTL 电路的参数为 $R_1=15\text{k}\Omega, R_C=6\text{k}\Omega, R_B=15\text{k}\Omega$。假设晶体管的 $\beta=30$。求解下列情况的 $i_1、i_2、i_R、i_B、i_{RC}$ 和 v_O：①$v_X=v_Y=0.1\text{V}$，②$v_X=5\text{V}$，$v_Y=0.1\text{V}$，③$v_X=v_Y=5\text{V}$。

答案：①$i_1=0.28\text{mA}, i_2=i_R=i_B=i_{RC}=0, v_O=5\text{V}$；②同①；③$i_1=i_2=0.1867\text{mA}$，$i_R=0.0533\text{mA}, i_B=0.1334\text{mA}, i_{RC}=0.8167\text{mA}, v_O=0.1\text{V}$。

理解测试题 3.6 图 3.20 所示的基本 DTL 逻辑电路,参数同理解测试题 3.5。①计算输出低电平时的最大扇出系数,使得 Q_O 保持偏置在饱和区。②若晶体管 Q_O 的最大额定集电极电流为 $I_{C,\max}=12\text{mA}$,重复①。

答案：①$N=9$；②$N=9$。

理解测试题 3.7 观察图 3.24 所示 TTL 电路,电路参数同练习题 3.9。计算输出低电平时的最大扇出系数。输出为低电平时,假设输出晶体管必须保持偏置在饱和区。

答案：$N=63$。

理解测试题 3.8 图 3.29 所示三态 TTL 电路的参数为 $R_1=6\text{k}\Omega, R_2=2\text{k}\Omega, R_3=100\Omega, R_4=4\text{k}\Omega, R_B=1\text{k}\Omega$。假设 $\beta_F=\beta=20, \beta_R=0.1$（对于每个输入发射极）。当 $\overline{D}=0.1\text{V}$ 时,计算各晶体管的基极和集电极电流。

答案：$i_{B1}=0.683\text{mA}, |i_{C1}|=i_{B2}=i_{C2}=i_{BO}=i_{CO}=0, i_{B4}=1.19\mu\text{A}, i_{C4}=23.8\mu\text{A}, i_{B3}=i_{C3}=0$。

3.4 肖特基晶体管-晶体管逻辑电路

目标：分析和设计肖特基和低功耗肖特基晶体管-晶体管逻辑电路。

截至目前,所分析的 TTL 电路驱动输出和反相晶体管,输出高电平时,输出晶体管截止;输出低电平时,输出晶体管饱和。输入晶体管则工作在饱和和倒置状态之间。由于 TTL 门的传输延迟时间是饱和晶体管存储时间的强函数,所以非饱和逻辑将更具优势。在肖特基钳位晶体管中,晶体管不会深度饱和,存储时间只有约 50ps。

3.4.1 肖特基钳位晶体管

图 3.30(a)给出肖特基钳位晶体管的符号,其等效电路如图 3.30(b)所示。在这种晶体管中,NPN 双极型晶体管的基极和集电极之间连接了一只肖特基二极管。肖特基二极管具有两个特点：开启电压低和开关时间短。当晶体管工作在放大区时,集电结反向偏置,也就是肖特基二极管反向偏置,等效为与电路断开。此时肖特基晶体管表现为一只普通的 NPN 晶体管。当肖特基晶体管进入饱和时,集电结正向偏置,集电结之间的电压则被钳位在肖特基二极管的开启电压,通常为 0.3~0.4V。多余的基极电流通过二极管分流,防止 NPN 晶体管进入深度饱和。

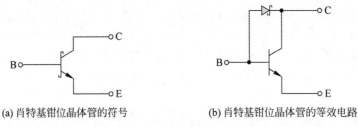

(a) 肖特基钳位晶体管的符号　　(b) 肖特基钳位晶体管的等效电路

图 3.30

图 3.31 所示为肖特基晶体管的等效电路,其中标出电流和电压。电流 i_C 和 i_B 分别表示肖特基晶体管的集电极和基极电流,而 i_C' 和 i_B' 分别表示内部 NPN 晶体管的集电极和基极电流。

肖特基晶体管的三个电流关系如下

$$i_C' = i_D + i_C \tag{3.18}$$

$$i_B = i_B' + i_D \tag{3.19}$$

和

$$i_C' = \beta i_B' \tag{3.20}$$

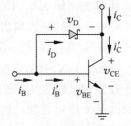

图 3.31 肖特基钳位晶体管的等效电路,标出电流和电压

由于内部晶体管被钳位在饱和区的边缘,所以式(3.20)成立。

如果 $i_C < \beta i_B$,则肖特基二极管正向偏置,$i_D > 0$,称肖特基晶体管处于饱和区。而此时内部晶体管只是处在饱和区的边缘。

联和求解式(3.19)和式(3.20),可得

$$i_D = i_B - i_B' = i_B - \frac{i_C'}{\beta} \tag{3.21}$$

将式(3.21)代入式(3.18),可得

$$i'_C = i_B - \frac{i'_C}{\beta} + i_C \quad (3.22a)$$

即

$$i'_C = \frac{i_B + i_C}{1 + (1/\beta)} \quad (3.22b)$$

式(3.22(b))给出内部晶体管的集电极电流与外部肖特基晶体管的集电极和基极电流之间的关系。

例题 3.11 求解肖特基晶体管的电流。图 3.31 所示的肖特基晶体管,基极输入电流 $i_B = 1\text{mA}$。假设 $\beta = 25$。求解 $i_C = 2\text{mA}$ 以及 $i_C = 20\text{mA}$ 时肖特基晶体管的内部电流。

解:当 $i_C = 2\text{mA}$ 时,根据式(3.22b),内部集电极电流为

$$i'_C = \frac{1+2}{1+(1/25)} = 2.885\text{mA}$$

内部基极电流为

$$i'_B = \frac{i'_C}{\beta} = \frac{2.885}{25} = 0.115\text{mA}$$

因此,肖特基二极管电流为

$$i_D = i_B - i'_B = 1 - 0.115 = 0.885\text{mA}$$

当 $i_C = 20\text{mA}$ 时,重复以上的计算,可得

$$i'_C = 20.2\text{mA}$$
$$i'_B = 0.808\text{mA}$$
$$i_D = 0.192\text{mA}$$

点评:对于相对较小的流入肖特基晶体管的集电极电流,基极输入电流的大部分被肖特基二极管分流。但是当流入肖特基晶体管的集电极电流增加时,通过肖特基二极管分流的电流变小,更多的电流流入 NPN 晶体管的基极。

练习题 3.11 观察图 3.32 所示的肖特基钳位晶体管。假设 $\beta = 15$,$V_{BE}(\text{on}) = 0.7\text{V}$,$V_\gamma(\text{SD}) = 0.3\text{V}$。①空载时 $i_L = 0$,求解电流 i_D、i'_B 以及 i'_C 的值。②当 $i_L = 10\text{mA}$ 时,重复①;③计算负载晶体管所能吸收的最大负载灌电流 i_L,要求晶体管工作在饱和区的边缘。

答案:①$i'_C = 3.791\text{mA}$,$i'_B = 0.253\text{mA}$,$i_D = 1.747\text{mA}$;②$i'_C = 13.166\text{mA}$,$i'_B = 0.878\text{mA}$,$i_D = 1.122\text{mA}$;③$i_L \approx 28\text{mA}$。

由于内部 NPN 双极型晶体管不会进入深度饱和,假设发射结电压保持为开启电压,即 $v_{BE} = V_{BE}(\text{on})$。如果肖特基晶体管偏置在饱和区,则 C-E 间电压为

$$v_{CE} = V_{CE}(\text{sat}) = V_{BE}(\text{on}) - v_\gamma(\text{SD}) \quad (3.23)$$

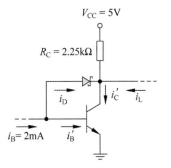

图 3.32 练习题 3.11 的电路

其中 $V_\gamma(\text{SD})$ 为肖特基二极管的开启电压。假设参数 $V_{BE}(\text{on}) = 0.7\text{V}$,$V_\gamma(\text{SD}) = 0.3\text{V}$,肖特基晶体管的集电极-发射极间饱和电压为 $V_{CE}(\text{sat}) = 0.4\text{V}$。当肖特基晶体管处于饱和区边缘时,有 $i_D = 0$,$i_C = \beta i_B$ 和 $v_{CE} = V_{CE}(\text{sat})$。

3.4.2 肖特基 TTL 与非电路

图 3.33 所示为肖特基 TTL 与非电路,其中除了 Q_3 以外,所有其他晶体管均为肖特基钳位晶体管。Q_4 连接在晶体管 Q_3 的集电结之间,以防止 Q_3 的集电结正向偏置,从而确保 Q_3 始终不会进入饱和区。与标准 TTL 电路相比,这个电路的另外一个不同之处是用晶体管 Q_5 和两个电阻代替输出晶体管 Q_O 基极处的下拉电阻。这种连接方式称为整形网络,因为它可以对电路的电压传输特性进行整形,使它变得更陡。

晶体管 Q_2 只有在输入电压足够大而使 Q_2 和 Q_O 同时导通时才会导通。回顾一下,在输出晶体管退出饱和区而关断时,TTL 电路的无源下拉电阻为其基极存储的过剩电荷提供放电通路。在这里,由 Q_5 组成的有源下拉网络提供放电通路,使 Q_O 迅速退出饱和状态。

这是晶体管的折线化模型不再适用于电路分析的一个例子。如果用折线化模型,晶体管 Q_5 显然始终不会导通。然而,由于集电极电流和发射结电压之间的指数关系,晶体管 Q_5 确实导通了,而且确实能帮助 Q_O 在开关时快速退出饱和区。

输入端和地之间的两个肖特基二极管用于钳位,可以抑制电压转换时可能产生的振荡。这些输入二极管将负电压脉冲钳位在 $-0.3V$ 左右。

图 3.33 所示的肖特基 TTL 电路的直流电流-电压特性分析与标准 TTL 电路的类似。略有不同的是,当输入电压为高电平而输入晶体管偏置在反向放大模式时,B-C 间的正向偏置电压为 0.3V,这是因为集电结上接了一只肖特基二极管。

肖特基 TTL 电路和标准 TTL 电路的主要区别是,当晶体管进入饱和区或接近饱和区时,晶体管中存储的过剩少子的数量不同。肖特基钳位晶体管的内部 NPN 晶体管保持在饱和区边缘,相应的传输延迟时间为 2~5ns,而标准 TTL 电路的标称值为 10~15ns。

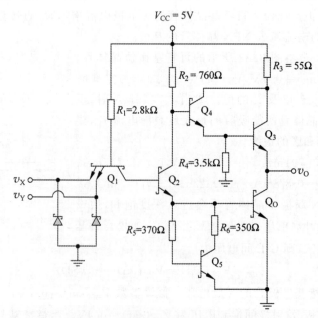

图 3.33 肖特基 TTL 与非逻辑电路

肖特基和标准 TTL 电路的另一细微区别在于逻辑 0 状态的输出电压值不同。标准 TTL 电路的低输出电压范围为 $0.1\sim0.2\mathrm{V}$,而肖特基晶体管的低输出饱和电压 V_{OL} 大约为 $0.4\mathrm{V}$。两种电路的逻辑 1 状态输出电压的值基本相等。

3.4.3 低功耗肖特基 TTL 电路

图 3.33 所示的肖特基 TTL 电路和标准 TTL 电路的功耗几乎相等,这是由于两个电路的电压和电阻值基本相似。与标准 TTL 电路相比,肖特基 TTL 电路的优点是可以将传输延迟时间缩短 $3\sim10$ 倍。

传输延迟时间与电路中所使用的晶体管类型(肖特基钳位晶体管或普通晶体管)以及电路中的电流大小有关。普通晶体管的存储时间是使晶体管脱离饱和的基极反向电流的函数。同时,晶体管的开启时间取决于发射结电容充电电流的大小。由此,可以对电流的大小(功耗)和传输延迟时间进行折中考虑。因为电流更小时,功耗也更低,但代价是传输延迟时间增大。商业应用中有成功的折中设计方案,降低功耗总是优先条件。

图 3.34 所示为低功耗肖特基 TTL 与非电路。除个别例外情况,这类电路不使用标准 TTL 电路的多发射极输入晶体管。大多数低功耗肖特基电路使用 DTL 类型的输入电路,用肖特基二极管实现与逻辑功能。该电路比传统的多发射极输入晶体管电路更快,输入击穿电压也更高。

低功耗肖特基电路的直流分析与 DTL 电路一样。

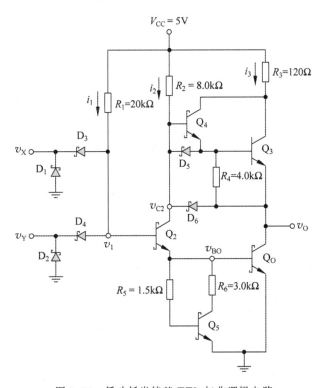

图 3.34 低功耗肖特基 TTL 与非逻辑电路

例题 3.12 计算低功耗肖特基 TTL 电路的功耗。在图 3.34 所示电路中,假设肖特基二极管的开启电压 $V_\gamma(\text{SD})=0.3\text{V}$,晶体管参数为 $V_{BE}(\text{on})=0.7\text{V}$,$V_{CE}(\text{sat})=0.4\text{V}$,$\beta=25$。

解:当输入为低电平时,$v_X=v_Y=0.4\text{V}$,$v_1=0.4+0.3=0.7\text{V}$。电流 i_1 为

$$i_1=\frac{V_{CC}-v_1}{R_1}=\frac{5-0.7}{20}=0.215\text{mA}$$

由于空载时晶体管 Q_2 和 Q_O 截止,电路中的其他电流均为零。因此,低输入时的电路功耗为

$$P_L=i_1(V_{CC}-v_X)=0.215\times(5-0.4)=0.989\text{mW}$$

当输入为高电平时,$v_X=v_Y=3.6\text{V}$,电压 v_1 为

$$v_1=V_{BE}(\text{on})Q_O+V_{BE}(\text{on})Q_2=0.7+0.7=1.4\text{V}$$

电压 v_{C2} 为

$$v_{C2}=V_{BE}(\text{on})Q_O+V_{CE}(\text{sat})Q_2=0.7+0.4=1.1\text{V}$$

于是电流为

$$i_1=\frac{V_{CC}-v_1}{R_1}=\frac{5-1.4}{20}=0.18\text{mA}$$

和

$$i_2=\frac{V_{CC}-v_{C2}}{R_2}=\frac{5-1.1}{8}=0.488\text{mA}$$

当 $v_{C2}=1.1\text{V}$,$v_O=0.4\text{V}$ 时,晶体管 Q_4 工作在导通的边缘,而由于电阻 R_4 上没有电压降,所以 Q_4 的发射极电流可以忽略不计。在空载时,其他电流全部为零。因此,输入为高电平时,电路的功耗为

$$P_H=(i_1+i_2)V_{CC}=(0.18+0.488)\times 5=3.34\text{mW}$$

点评:低功耗肖特基 TTL 电路的功耗大约比肖特基或标准 TTL 逻辑门电路的功耗小 5 倍。低功耗肖特基电路的传输延迟时间约为 10ns,与标准 TTL 电路的传输延迟时间接近。

练习题 3.12 假设对图 3.34 所示的低功耗肖特基 TTL 电路进行重新设计,使得 $R_1=40\text{k}\Omega$,$R_2=12\text{k}\Omega$,其他电路参数不变。晶体管和二极管的参数为 $V_{BE}(\text{on})=0.7\text{V}$,$V_{CE}(\text{sat})=0.4\text{V}$,$\beta=25$ 和 $V_\gamma(\text{SD})=0.3\text{V}$。假设不带负载,求解以下情况各晶体管的基极和集电极电流以及门电路的功耗:①$v_X=v_Y=0.4\text{V}$;②$v_X=v_Y=3.6\text{V}$。

答案:①$i_{B2}=i_{C2}=i_{BO}=i_{CO}=i_{B5}=i_{C5}=0$,$i_{B3}=i_{C3}=i_{B4}=i_{C4}=0$,$P=495\mu\text{W}$;②$i_{B2}=90\mu\text{A}$,$i_{C2}=325\mu\text{A}$,$i_{B4}=i_{C4}=i_{B3}=i_{C3}=0$,$i_{B5}\approx i_{C5}\approx 0$,$i_{BO}=415\mu\text{A}$,$i_{CO}=0$,$P=2.08\text{mW}$。

二极管 D_5 和 D_6 称为加速二极管。正如在直流分析中所示,不管输入状态为逻辑 0 还是逻辑 1,这两个二极管都反向偏置。当输入信号至少有一个为逻辑 0 时,输出为高电平,Q_3 和 Q_4 导通,提供所需的负载电流。当输入均为逻辑 1 时,Q_2 导通,v_{C2} 下降,使得 D_5 和 D_6 正向偏置。二极管 D_5 有助于从 Q_3 的基极释放电荷,使这个晶体管快速退出饱和区。二极管 D_6 则有助于负载电容放电,这意味着输出电压 v_O 可以更快速地下降为低电平。

3.4.4 改进型肖特基 TTL 电路

改进型低功耗肖特基电路的传输延迟时间足够短,可以满足大量的数字应用,并具有最

小的速度-功率积,同时仍然保持低功耗肖特基系列逻辑电路的低功耗特点。电路的主要改进在于输入电路的设计。观察图 3.35 所示的电路,其输入电路包括 PNP 晶体管 Q_1、电流放大晶体管 Q_2 以及连接在 Q_3 基极和输入端之间的肖特基二极管 D_2。当输入由高电平变为低电平时,二极管 D_2 提供对地的低阻抗通路,这可以加快反相器的开关时间。当输入由低电平变为高电平时,电流驱动晶体管 Q_1 提供比肖特基二极管输入级更快的转换时间。晶体管 Q_1 起到控制开关的作用,使得通过 R_1 的电流流向晶体管 Q_2 或者输入信号源。

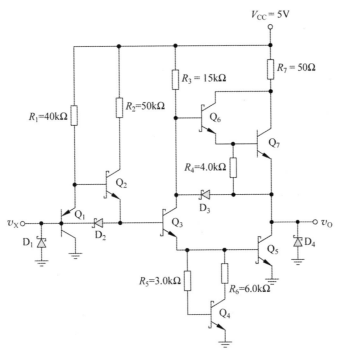

图 3.35 改进型低功耗肖特基(ALS)反相器门电路

当 $v_X=0.4\text{V}$ 时,晶体管 Q_1 的 E-B 结正向偏置,Q_1 偏置在放大区。Q_2 的基极电压约为 1.1V;Q_2、Q_3 和 Q_5 截止;输出电压变为高电平。流过 R_1 的大部分电流通过 Q_1 流入地,所以驱动器的输出晶体管只需要吸收很小的灌电流。当 $v_X=3.6\text{V}$ 时,晶体管 Q_2、Q_3 和 Q_5 导通,Q_2 的基极电压被钳位在大约 2.1V,Q_1 的 E-B 结反向偏置,Q_1 截止。

在快速开关电路中,电感、电容以及信号延迟可能会导致与传输线理论相关的问题。输入和输出端的钳位二极管 D_1 和 D_4 可以对所有因内部连线效应而在开关瞬间引起的负跳变进行钳位。

理解测试题 3.9　在图 3.33 所示的肖特基 TTL 与非电路中,假设 $\beta_F=\beta=25$,$\beta_R=0$。空载时,计算以下条件电路的功耗:① $v_X=v_Y=0.4\text{V}$;② $v_X=v_Y=3.6\text{V}$。

答案:① $P=6.41\text{mW}$;② $P=31.4\text{mW}$。

理解测试题 3.10　观察图 3.35 所示的改进型低功耗肖特基 TTL 电路。求解以下条件 R_1 和 R_2 中的电流:① $v_X=0.4\text{V}$;② $v_X=3.6\text{V}$。

答案:① $i_{R1}=97.5\mu\text{A}$,$i_{R2}=0$;② $i_{R1}=72.5\mu\text{A}$,$i_{R2}=64\mu\text{A}$。

理解测试题 3.11　在图 3.35 所示的改进型低功耗肖特基 TTL 电路中,令 $V_{CC}=$

3.5V。求解以下条件 R_1 和 R_2 中的电流：①$v_X=0.4V$，②$v_X=2.1V$。

答案：①$i_{R1}=60\mu A, i_{R2}=0$；②$i_{R1}=35\mu A, i_{R2}=34\mu A$。

3.5 BiCMOS 数字电路

目标：分析 BiCMOS 数字逻辑电路。

如前面所讨论，BiCMOS 技术在同一块 IC 芯片上融合了双极型和 CMOS 技术。该技术兼具 CMOS 电路的高输入阻抗、低功耗特性和双极型晶体管电路的大电流驱动特性。如果 CMOS 电路只是驱动几个同类 CMOS 逻辑电路，电流驱动能力不成问题。然而，当电路需要驱动一个相对较大的容性负载时，双极型电路因其相对较大的跨导而更优。

下面将首先分析 BiCMOS 反相器电路，接着给出 BiCMOS 数字电路的一个简单示例。本节只介绍 BiCMOS 技术。

3.5.1 BiCMOS 反相器

有几种 BiCMOS 反相器结构，每一种电路都利用 NPN 双极型晶体管作为输出器件，并由准 CMOS 反相器电路驱动。图 3.36(a)所示为最简单的 BiCMOS 反相器。其中的 NPN 晶体管输出级电路与 3.3 节中 TTL 电路的图腾柱型输出级类似。

在图 3.36(a)所示的 BiCMOS 反相器中，当输入电压 v_I 为低电平时，晶体管 M_N 和 Q_2 截止。晶体管 M_P 导通，为 Q_1 提供基极电流，所以 Q_1 导通，为负载电容提供电流。负载电容充电，输出电压变为高电平。随着输出电压变高，输出电流通常将变得非常小，于是晶体管 M_N 进入非饱和区，其漏-源间电压几乎为零。晶体管 Q_1 基本上截止，输出电压将充电到最大值 $v_O(max)=V_{DD}-V_{BE}(on)$。

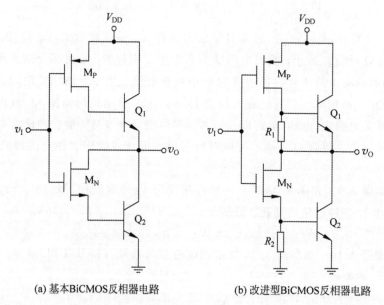

(a) 基本BiCMOS反相器电路　　(b) 改进型BiCMOS反相器电路

图 3.36

当输入电压 v_I 变为高电平时,晶体管 M_P 截止,消除进入 Q_1 的偏置电流,所以 Q_1 也截止。晶体管 M_N 和 Q_2 导通,为负载电容提供放电通路,输出变为低电平。稳态时负载电流通常很小,于是晶体管 M_N 偏置在非饱和区,其漏-源间电压几乎为零。晶体管 Q_2 基本上截止,输出电压放电到最小值,$v_O(\min) \approx V_{BE}(\text{on})$。

图 3.36(a) 所示反相器的一个最大缺点是,当 NPN 晶体管关断时,其基极电荷没有释放通路。这样,两个 NPN 晶体管的关断时间相对较长。解决办法之一是增加下拉电阻,如图 3.36(b) 所示。当 NPN 晶体管关断时,基极存储电荷可以通过 R_1 和 R_2 释放到地端。这个电路还会带来一个附加优点,即当输入 v_I 变为高电平、输出变为低电平时,流过晶体管 M_N 和 R_2 的电流很小,这意味着输出电压被拉低至地电位。同样,当 v_I 变为低电平、输出变为高电平时,非常小的负载电流意味着输出通过电阻 R_1 上拉到 V_{DD}。可以注意到,两个 NPN 晶体管从来不会同时导通。

在其他电路设计中,引入额外的晶体管,辅助关断晶体管,提高开关速度。而这里所举的两个例子用于说明 BiCMOS 反相器电路设计的基本原理。

3.5.2 BiCMOS 逻辑电路

在 BiCMOS 逻辑电路中,逻辑功能由 CMOS 电路部分实现,双极型晶体管仍然作为缓冲输出级,提供所需的输出电流。图 3.37 所示为 BiCMOS 逻辑电路的一个例子,它是一个 2 输入或非逻辑门电路。由图可见,CMOS 电路部分与之前讨论过的基本 CMOS 或非逻辑门相同。两个 NPN 输出晶体管以及电阻 R_1 和 R_2 的结构和作用与 BiCMOS 反相器中所看到的的相同。

其他 BiCMOS 逻辑电路可以参照 BiCMOS 或非门电路设计出来。

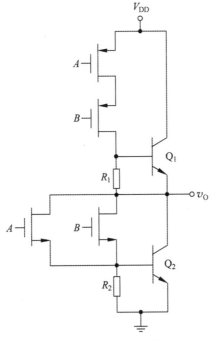

图 3.37 2 输入 BiCMOS 或非电路

3.6 设计应用:静态 ECL 门电路

(1) **目标**:设计一个静态 ECL 门,实现指定的逻辑函数。

(2) **设计指标**:设计一个静态 ECL 门,实现逻辑函数 $Y=(A+B)(C+D)$。使用恒流源设计电路,电路的总功耗不超过 1mW。

(3) **设计方法**:设计与图 3.10 结构相似的带有肖特基二极管的改进型 ECL 门电路。

(4) **器件选择**:假设可提供输入信号 $A、B、C、D$,使用简单双晶体管电流源。

解(基本结构):图 3.10 所示电路实现或逻辑功能。为实现与逻辑功能,可将两个或逻辑门电路的输出端接在一起,如图 3.38 所示。可以证明,输出 Y 实现了指定的逻辑功能。

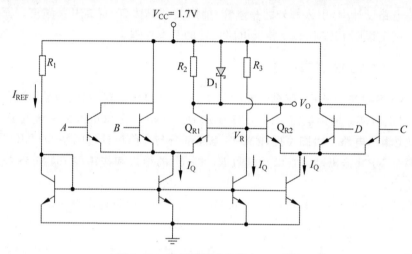

图 3.38 设计应用中的静态 ECL 门

解(直流电路分析):电路中有 4 个基本电流。假设每个偏置电流 I_Q 都等于基准电流 I_{REF},则总功耗为

$$P_T = 1 = I_T V_{CC} = 4 I_Q (1.7)$$

由此解得 $I_Q \approx 0.15 \text{mA}$。

由电路的基准电流支路,有

$$R_1 = \frac{V_{CC} - V_{BE}(\text{on})}{I_{REF}} = \frac{1.7 - 0.7}{0.15} = 6.7 \text{k}\Omega$$

当基准晶体管 Q_{R1} 或 Q_{R2} 导通时,期望 R_2 和 D_1 中的电流相等。假设肖特基二极管的开启电压为 $V_\gamma = 0.4\text{V}$,于是可得

$$R_2 = \frac{0.4}{0.075} = 5.3 \text{k}\Omega$$

令基准电压为 $V_R = 1.5\text{V}$(逻辑 0 和逻辑 1 电压的平均值)。可得电阻 R_3 为

$$R_3 = \frac{V_{CC} - V_R}{I_Q} = \frac{1.7 - 1.5}{0.15} = 1.3 \text{k}\Omega$$

点评:整个电路可以制作成一块集成电路,这样设计中就不必使用标准阻值电阻。

3.7 本章小结

1. 总结

（1）本章分析和设计了数字系统中开创历史的第一种逻辑电路技术——双极型数字逻辑电路。

（2）发射极耦合逻辑电路主要用于高速应用。基本 ECL 门电路与差分放大电路结构相同，但电路中的晶体管在截止区和放大区之间切换。避免使晶体管进入饱和区，使得传输延迟时间可以最小。

（3）经典的 ECL 电路使用差分放大电路结构、射极跟随器输出级和基准电压电路。可同时获得或非和或逻辑输出。

（4）通过设计改进型 ECL 逻辑门电路，可以降低功耗。

（5）二极管-晶体管逻辑（DTL）电路的分析中引入了饱和双极型逻辑电路以及它们的特性。

（6）TTL 逻辑电路的输入晶体管在饱和区和反向放大区之间切换。这种晶体管通过快速地释放饱和晶体管基极存储的电荷，大大缩短电路的开关时间。为了增加输出级的开关速度，引入图腾柱型输出级。

（7）肖特基钳位晶体管在 NPN 晶体管的基极和集电极之间并联了一只肖特基二极管，由此避免晶体管进入深度饱和。于是，肖特基 TTL 电路的传输延迟时间比普通 TTL 电路的要短。

（8）低功耗肖特基 TTL 电路的基本结构与 DTL 电路相同。为了减小电流，增加了电阻的阻值，进而降低了电路的功耗。

（9）BiCMOS 电路结合了 CMOS 技术和双极型技术的最佳特性。其中一个例子是用基本 CMOS 反相器驱动一个双极型输出级，将 CMOS 电路的高输入阻抗、低功耗与双极型输出级的大电流驱动能力融合在一起。分析了一个 BiCMOS 或非逻辑电路的例子。

（10）作为应用，设计了一个实现特定逻辑函数的 ECL 逻辑门。

2. 检查点

学习完本章后，读者应当具备以下能力：

（1）分析和设计基本的 ECL 或/或非逻辑门电路。

（2）分析和设计改进型低功耗 ECL 逻辑门电路。

（3）阐述 TTL 逻辑电路输入晶体管的工作原理及其特性。

（4）分析和设计 TTL 与非逻辑门电路。

（5）阐述肖特基晶体管的工作原理及其特性，分析和设计一个肖特基 TTL 逻辑电路。

（6）分析和设计低功耗肖特基 TTL 电路，并描述如何在功耗和开关速度之间进行折中。

3. 复习题

（1）画出基本 ECL 电路的结构，并讨论它的工作原理。

（2）为什么要在差分放大电路上增加射极跟随器输出级，使得这个电路可以组成切实可行的逻辑门？

(3) 画出改进型 ECL 电路，其中在电路的集电极部分引入一只肖特基二极管。描述肖特基二极管的作用。

(4) 解释 ECL 电路中串联门的概念，指出该类电路的优点。

(5) 画出一个二极管-三极管与非电路，并说明其工作原理。说明最小 β 值的概念以及下拉电阻的作用。

(6) 说明 TTL 电路中输入晶体管的工作原理和作用。

(7) 画出一个基本的 TTL 与非电路，并解释其工作原理。

(8) 画出一个图腾柱型输出级，并说明其工作原理以及在 TTL 电路中引入这个电路的优点。

(9) 当输出为低电平时，若要保持输出晶体管仍工作在饱和区，电路的最大扇出系数是多少？

(10) 当输出为低电平时，在输出晶体管的最大额定集电极电流下，电路的最大扇出系数是多少？

(11) 说明肖特基钳位晶体管的工作原理及优点。

(12) 与普通 TTL 与非门相比，肖特基 TTL 与非门的最大优点是什么？

(13) 画出一个低功耗肖特基 TTL 与非电路，与本章之前分析过的普通 DTL 电路相比，两者最大的不同之处是什么？

(14) 画出一个基本 BiCMOS 反相器电路，并解释其工作原理。与简单 CMOS 反相器相比，指出其优点。

习题

注：在下列 ECL 和改进型 ECL 习题中，除另作说明外，均假设 $V_{BE}(\text{on})=0.7\text{V}$，$T=300\text{K}$。

对于 TTL 和肖特基 TTL 习题，假设晶体管和二极管的参数如表 3.3 所示，同时假设肖特基二极管的 $V_\gamma=0.3\text{V}$。

1. 发射极耦合逻辑(ECL)电路

3.1 在图 3.39 所示的差分放大电路中，忽略基极电流。①求解 R_C 的值，使得当 $v_1=-0.7\text{V}$ 时，$v_{O1}=v_{O2}=-0.2\text{V}$。②利用①的结果，求解 v_1 分别为 -1.0V 及 -0.4V 时的 v_{O1} 和 v_{O2}。③利用①的结果，求解 v_1 分别为 -1.0V 及 -0.4V 时电路的功耗。

3.2 在图 3.40 所示电路中，忽略基极电流。①求解 R_E 和 R_C，使得当 $v_1=-1.0\text{V}$ 时，$v_{O1}=v_{O2}=-0.25\text{V}$。②利用①的结果，求解 v_1 分别为 -1.3V 和 -0.7V 时的 v_{O1} 和 v_{O2}。③利用①的结果，求解 v_1 分别为 -1.3V 及 -0.7V 时电路的功耗。

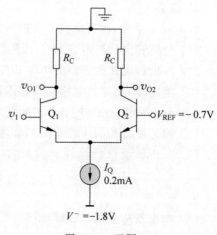

图 3.39 习题 3.1

3.3 在图 3.41 所示电路中,忽略基极电流。①求解 R_{C2} 的值,使得 v_{O2} 的最小值为 $v_{O2}=0$。②求解 R_{C1} 的值,使得当 $v_1=1\text{V}$ 时,$v_{O1}=1\text{V}$。③求解 v_1 的值,使得 $i_{C2}=0.40\text{mA}, i_{C1}=0.10\text{mA}$。

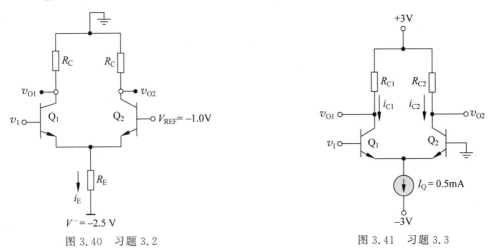

图 3.40 习题 3.2   图 3.41 习题 3.3

3.4 在图 3.41 所示电路中,$R_{C1}=R_{C2}=1\text{k}\Omega$。求解 v_1 分别为 0.5V 和 -0.5V 时的 v_{O1} 和 v_{O2}。忽略基极电流。

3.5 观察图 3.42 所示电路。①求解 R_{C2},使得 Q_2 导通 Q_1 截止时,$v_2=-1\text{V}$。②当 $v_{in}=-0.7\text{V}$ 时,求解 R_{C1},使得 $v_1=-1\text{V}$。③当 $v_{in}=-0.7\text{V}$ 时,求解 v_{O1} 和 v_{O2};当 $v_{in}=-1.7\text{V}$ 时,求解 v_{O1} 和 v_{O2};④求解 v_{in} 分别为 -0.7V 及 -1.7V 时电路的功耗。

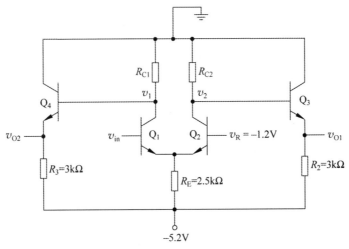

图 3.42 习题 3.5

3.6 观察图 3.43 所示 ECL 逻辑电路,忽略基极电流。①求解基准电压 V_R。②求解 v_{O1} 和 v_{O2} 的逻辑 0 和逻辑 1 电平值。假设输入 v_X 和 v_Y 与 v_{O1} 和 v_{O2} 的逻辑电平值相同。

3.7 观察图 3.44 所示电路,忽略基极电流。①求解 R_1,使得 $I_{REF}=0.20\text{mA}$。②求解 R_5 和 R_6 的值,使 Q_5 和 Q_6 中的最大电流为 0.12mA。③若 $A=B=0, I_Q$ 为多少?利用①的结果,求解使 $v_{O1}=-0.7\text{V}$ 的 R_{C1}。④若 $A=B=-0.7\text{V}$,利用①的结果,求解使

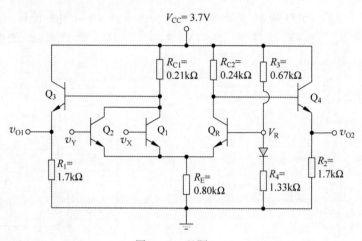

图 3.43 习题 3.6

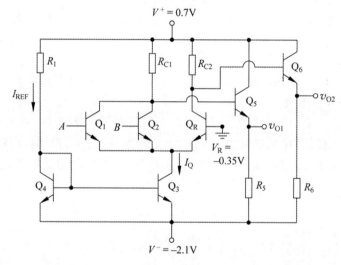

图 3.44 习题 3.7

$v_{O2} = -0.7\text{V}$ 的 R_{C1}。

3.8 观察图 3.45 所示电路,忽略基极电流。计算满足以下条件的所有电阻值:逻辑 $1 = 0\text{V}$,逻辑 $0 = -1.0\text{V}$;V_R 为逻辑 1 和逻辑 0 的平均值;Q_R 导通时 $i_E = 0.4\text{mA}$;$i_1 = i_2 = 0.4\text{mA}$;当 $v_{OR} = $ 逻辑 1 时,$i_3 = 0.8\text{mA}$;且 $v_{OR} = $ 逻辑 0 时,$i_4 = 0.8\text{mA}$。

3.9 在图 3.46 所示 ECL 电路中,输出端逻辑电平摆幅为 0.60V,它关于基准电压对称。忽略基极电流。所有晶体管的最大发射极电流为 0.8mA。假设输入 v_1 的逻辑电平与输出逻辑电压匹配。求解所有的电阻值。

3.10 对于图 3.47 所示电路,将下表填写完整。电路实现什么逻辑功能?

A	B	C	D	I_{E1}	I_{E3}	I_{E5}	Y
0	0	0	0				
5V	0	0	0				
5V	0	5V	0				
5V	5V	5V	5V				

第3章 双极型数字电路 147

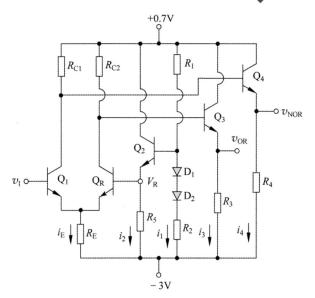

图 3.45　习题 3.8

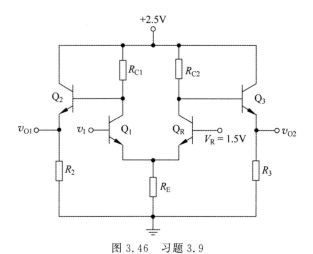

图 3.46　习题 3.9

图 3.47　习题 3.10

3.11 观察图 3.48 所示电路。输入 A 和 B 的逻辑电平值与 v_{O1} 和 v_{O2} 的一致。①求解基准电压 V_R。②求解输出 v_{O1} 和 v_{O2} 的逻辑 0 和逻辑 1 电平值。③求解 $A=B=$ 逻辑 0 和 $A=B=$ 逻辑 1 时的电压 v_E。④求解 $A=B=$ 逻辑 0 和 $A=B=$ 逻辑 1 时电路的总功耗。

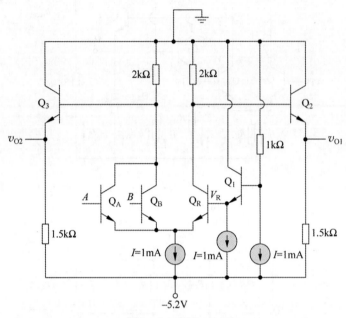

图 3.48　习题 3.11

3.12 正电源供电的 ECL 逻辑门电路如图 3.49 所示,忽略基极电流。①该电路实现什么逻辑功能？②求解输出 v_2 的逻辑 0 和逻辑 1 电平值。③当三个输入端中的 $v_1=$ 逻辑 0 时,求解 i_{E1}、i_{E2}、i_{C3}、i_{C2} 和 v_2。④当三个输入端均为逻辑 1 时,重复③。

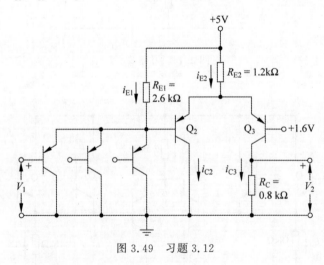

图 3.49　习题 3.12

2. 改进型 ECL 电路

3.13 在图 3.50 所示电路中,输出电压 v_{O1} 和 v_{O2} 与输入电压 v_X 和 v_Y 匹配,忽略基极电流。①设计合适的基准电压 V_R,并说明理由。②求解 R_{C1},使得当 Q_1 导通时,流过 R_{C1}

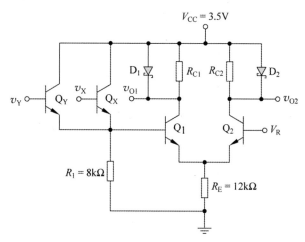

图 3.50 习题 3.13

的电流是 D_1 电流的一半。③求解 R_{C2}，使得当 Q_2 导通时，流过 R_{C2} 的电流是 D_2 电流的一半。④计算当 $v_X = v_{Y+} =$ 逻辑 0 时电路的功耗。

3.14 观察图 3.51 所示电路，忽略基极电流。①求解输出端 v_{O1} 和 v_{O2} 的逻辑 0 和逻辑 1 电平值。②当 $v_X = v_Y =$ 逻辑 0 时，求解 R_E 的值，使得 $i_E = 0.25\text{mA}$。③利用④的结果，求解 R_1 的值，使得当 Q_R 导通时，$i_{D1} = 2i_{R1}$。④如果 $v_X = v_Y =$ 逻辑 1，且 $R_1 = R_2$，求解 i_E, i_{R2} 和 i_{D2}。⑤当 $v_X = v_Y =$ 逻辑 0 时，计算电路的功耗。

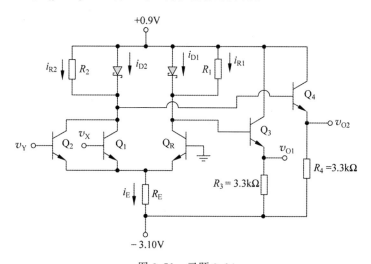

图 3.51 习题 3.14

3.15 在图 3.52 所示电路中，假设晶体管和二极管的参数分别为 $V_{BE}(\text{on}) = 0.7\text{V}$ 和 $V_\gamma = 0.4\text{V}$，忽略基极电流。计算以下情况的 i_1、i_2、i_3、i_4、i_D 和 v_O：① $v_X = v_Y = -0.4\text{V}$；② $v_X = 0, v_Y = -0.4\text{V}$；③ $v_X = -0.4\text{V}, v_Y = 0$；④ $v_X = v_Y = 0$。

3.16 假设在图 3.53 所示电路中，输入 A、B、C 和 D 为 0 或者 2.5V。NPN 和 PNP 型晶体管的发射结开启电压均为 0.7V。假设 NPN 型晶体管的 $\beta = 150$，PNP 型晶体管的 $\beta = 90$。①求解 $A = B = C = D = 0$；$A = B = 0, C = D = 2.5\text{V}$；$A = C = 2.5\text{V}, B = D = 0$。Y 处的电压。②该电路实现什么逻辑函数？③求解在①中的各条件下，电路的功耗。

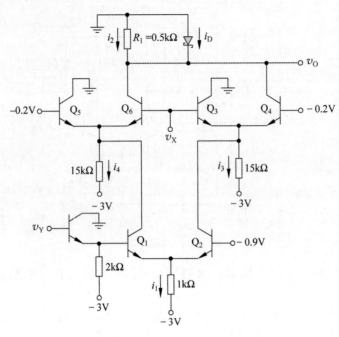

图 3.52 习题 3.15

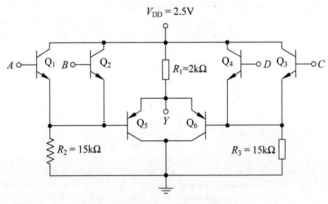

图 3.53 习题 3.16

3.17 在图 3.54 所示电路中,输入和输出电压的电平值一致。①求解逻辑 0 和逻辑 1 的电平值。②电路在 v_{O1}、v_{O2} 和 v_{O3} 处各实现什么逻辑函数?

3.18 观察图 3.55 所示电路。①说明电路的工作原理,证明电路的功能为带时钟的 D 触发器。②忽略基极电流,如果 $i_{DC}=50\mu A$,计算电路的最大功耗。

3. 晶体管-晶体管逻辑电路

3.19 观察图 3.56 所示 DTL 电路。假设 $\beta=25$。①求解 v_I 分别为 0.1V 及 2.5V 时的 i_1、i_2、i_3、v_1 和 v_O。②求解在 Q_O 刚好开始导通及 Q_O 刚好饱和时,以下各点的 v_I 和 v_1。

3.20 观察图 3.57 所示电路。假设晶体管和二极管的参数为 $\beta=25$,$V_\gamma=V_{BE}(on)=0.7V$,$V_{BE}(sat)=0.8V$ 和 $V_{CE}(sat)=0.1V$。计算以下情况的 v_1、i_1、i_B、i_C 和 v_O:①$v_I=0$;②$v_I=3.3V$。

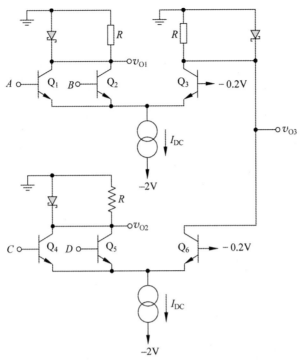

图 3.54　习题 3.17

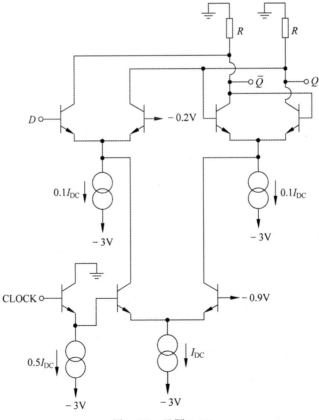

图 3.55　习题 3.18

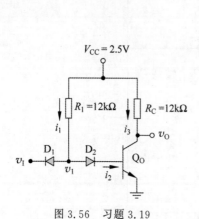
图 3.56 习题 3.19

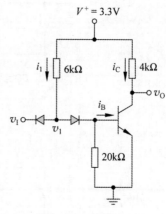
图 3.57 习题 3.20

3.21 在图 3.58 所示电路中,晶体管的电流增益为 $\beta=20$。求解以下输入条件的电流 i_1、i_3、i_4 及电压 v'：① $v_X=v_Y=0.10\text{V}$；② $v_X=v_Y=5\text{V}$。

3.22 当 $V_{CC}=3.3\text{V}$ 时,重复习题 3.58。假设输入条件为：① $v_X=v_Y=0.1\text{V}$；② $v_X=v_Y=3.3\text{V}$。

3.23 图 3.59 所示为改进型 DTL 电路,其中的一只偏移二极管用晶体管 Q_1 代替,为 Q_O 提供更大的驱动电流。假设两只晶体管的 $\beta=20$。① 当 $v_X=v_Y=5\text{V}$ 时,求解图中标出的各电流和电压。② 计算电路输出低电平时的最大扇出系数。

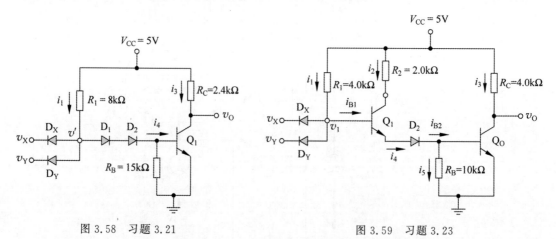

图 3.58 习题 3.21　　　　　图 3.59 习题 3.23

3.24 当 $V_{CC}=3.3\text{V}$ 时,重复习题 3.58。假设输入条件为 $v_X=v_Y=3.3\text{V}$。

3.25 对于图 3.60 所示改进型 DTL 电路,计算 $v_X=v_Y=5\text{V}$ 时图中标出的各个电流。

3.26 图 3.61 中的晶体管 Q_1 的参数为 $\beta=25$,$\beta_R=0.5$ 以及 $V_{BE}(\text{on})=V_{BC}(\text{on})=0.7\text{V}$。求解以下条件的电流 i_B、i_C 和 i_E：① $v_1=0$；② $v_1=0.8\text{V}$；③ $v_1=3.6\text{V}$。

3.27 在图 3.62 所示电路中,晶体管参数为 $\beta_F=\beta=25$ 和 $\beta_R=0.1$。① 求解 v_1 分别为 0.1V 及 2.5V 时的 i_1、i_2、i_3、v_1 和 v_O。② 求解当 Q_O 刚好开始导通及 Q_O 刚好饱和时,以下各点的 v_I 和 v_1。

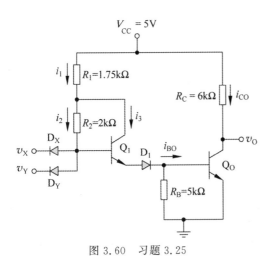

图 3.60 习题 3.25

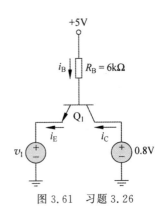

图 3.61 习题 3.26

3.28 在图 3.63 所示 TTL 电路中,晶体管参数为 $\beta_F=20$ 和 $\beta_R=0$。①求解 $v_X=v_Y=0.1V$ 和 $v_X=v_Y=5V$ 时的电流 i_1、i_2、i_3、i_4、i_{B2} 和 i_{B3}。②证明当 $v_X=v_Y=5V$ 时,晶体管 Q_2 和 Q_3 偏置在饱和区。

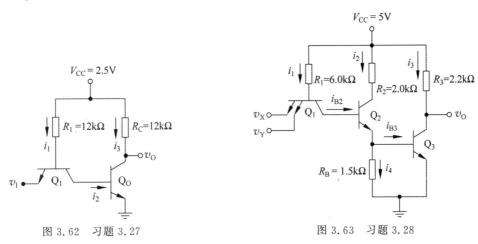

图 3.62 习题 3.27　　　　图 3.63 习题 3.28

3.29 重新设计图 3.58 所示电路,使得 $V_{CC}=3.3V$,$R_1=16k\Omega$,$R_C=6k\Omega$,$R_B=20k\Omega$。令 $\beta=50$。①求解以下情况的电流 i_1、i_3、i_4 及电压 v':$v_X=0.1V$,$v_Y=3.3V$;$v_X=v_Y=3.3V$。②计算输出低电平时的最大扇出系数,Q_1 保持偏置在饱和区。③如果最大集电极电流限制为 5mA,重复②。

3.30 在图 3.64 所示 TTL 电路中,晶体管参数为 $\beta_F=20$,$\beta_R=0.10$(对于每个发射极)。①计算 $v_X=v_Y=5V$ 时的最大扇出系数。②计算 $v_X=v_Y=0.1V$ 时的最大扇出系数。(假设允许 v_O 比空载时下降 0.10V。)

3.31 在图 3.65 所示 TTL 电路中,假设晶体管参数为 $\beta_F=50$,$\beta_R=0.1$,$V_{BE}(on)=0.7V$,$V_{BE}(sat)=0.8V$ 和 $V_{CE}(sat)=0.1V$。①求解 V_{in} 分别为 0.1V 及 5V 时的 i_{RB},i_{RCP},i_{BO} 和 V_{out}。②当输出端连接五个同类型负载电路时,计算 V_{in} 分别为 0.1V 及 5V 时,电路的功耗。

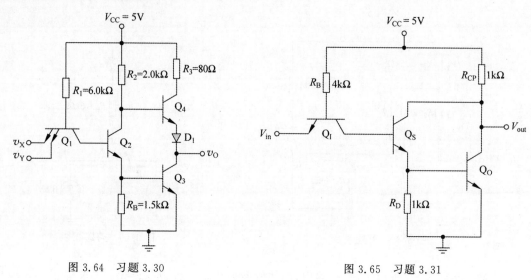

图 3.64 习题 3.30   图 3.65 习题 3.31

3.32 观察图 3.66 所示基本 TTL 逻辑门电路，其扇出系数为 5。假设晶体管参数为 $\beta_F=50$ 和 $\beta_R=0.5$（对于每个输入发射极）。计算以下情况每个晶体管的基极和集电极电流：① $v_X=v_Y=v_Z=0.1\text{V}$；② $v_X=v_Y=v_Z=5\text{V}$。

3.33 对于图 3.67 所示电路图腾柱型输出级，令 $\beta=50$。① 求解 I_L 分别为 $5\mu\text{A}, 5\text{mA}$ 及 25mA 时的 i_O。② 求解当输出端意外对地短路时的 I_L。

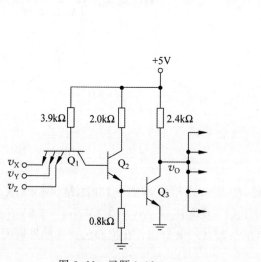
图 3.66 习题 3.32

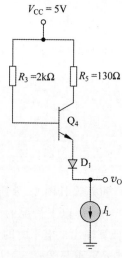
图 3.67 习题 3.33

3.34 图 3.68 所示 TTL 电路参数为 $\beta_F=100$ 和 $\beta_R=0.3$（对于每个输入发射极）。① 当 $v_X=v_Y=v_Z=2.8\text{V}$ 时，求解 i_{B1}、i_{B2} 和 i_{B3}。② 当输入 $v_X=v_Y=v_Z=0.1\text{V}$ 时，计算扇出系数为 5 时的 i_{B1} 和 i_{B4}。

3.35 在图 3.69 所示带有源上拉 PNP 晶体管的低功率 TTL 逻辑门电路中，晶体管参数为 $\beta_F=100$ 和 $\beta_R=0.2$（对于每个输入发射极）。假设扇出系数为 5。① 当输入 $v_X=v_Y=v_Z=0.1\text{V}$ 时，求解 i_{B1}、i_{B2}、i_{B3}、i_{C2} 和 i_{C3}。② 当 $v_X=v_Y=v_Z=2\text{V}$ 时，重复①。

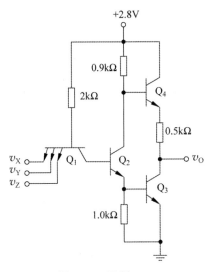
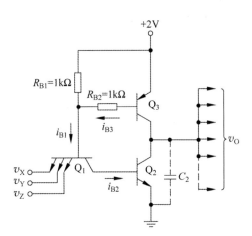

图 3.68 习题 3.34　　　　　　　　　　图 3.69 习题 3.35

4. 肖特基晶体管-晶体管逻辑电路

3.36 观察图 3.70 所示肖特基晶体管电路。假设晶体管参数为 $\beta=50$, $V_{BE}(\text{on})=0.7\text{V}$, 肖特基二极管的 $V_\gamma=0.3\text{V}$。①求解 I_B、I_D、I_C 和 V_{CE}。②去掉肖特基二极管,假设其他参数为 $V_{BE}(\text{sat})=0.8\text{V}$ 和 $V_{CE}(\text{sat})=0.1\text{V}$,重复①。

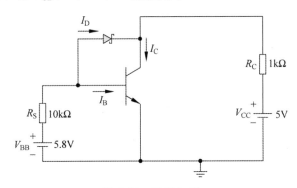

图 3.70 习题 3.36

3.37 在图 3.71 所示电路中,令三极管的 $\beta=25$。①空载时,求解 v_1 分别为 0V 及 1.5V 时的 i_1、i_B、i_C、v_1 和 v_O。②求解以下情况的 v_1、v_1、i_B 和 i_C：输出晶体管刚好开始导通,输出晶体管刚好开始饱和。③假设输出端连接 N 个相同类型的负载电路,求解使得输出晶体管保持在饱和状态的 N 的最大值。

3.38 观察图 3.33 所示肖特基 TTL 电路。晶体管参数为 $\beta_F=30$ 和 $\beta_R=0.1$(对于每个输入发射极)。①当 $v_X=v_Y=0.4\text{V}$ 时,求解所有的基极电流、集电极电流以及节点电压。②当 $v_X=v_Y=3.6\text{V}$ 时,重复①。

3.39 观察图 3.72 所示改进型肖特基 TTL 与非电路。所有晶体管的电流增益为 $\beta=20$。①假设 $v_X=v_Y=v_Z=$ 逻辑 1,并假设输出端连接两个相同类型的负载电路。晶体管 Q_2 偏置在饱和区,且 $i_{B2}=0.1\text{mA}$, $i_{C2}=0.2\text{mA}$。求解 R_{B1} 和 R_{C1} 的值。②利用①的结果,假设 $v_X=0.4\text{V}$,$v_Y=v_Z=1.8\text{V}$,求解 v_{B1}、v_{B2}、v_O 以及所有晶体管的基极和集电极电流。假设输出端连接两个相同类型的负载电路。③假设 $v_X=v_Y=v_Z=$逻辑 1,输出端连接四个相同类型的负载电路,利用①的结果,求解 v_{B1}、v_{B2}、v_O 以及所有晶体管的基极和集电极电流。④当输出为低电平时,求解电路的最大扇出系数。

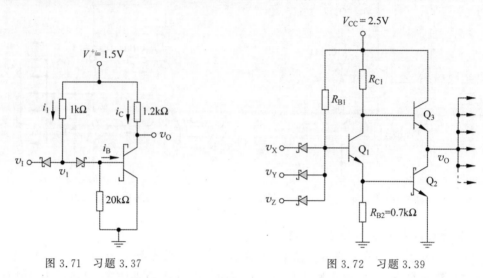

图 3.71 习题 3.37   图 3.72 习题 3.39

3.40 在图 3.73 所示低功耗肖特基 TTL 电路中,假设所有晶体管的电流增益为 $\beta=30$。①计算当 $v_X=v_Y=3.6\text{V}$ 时,电路的最大扇出系数。②利用①的结果,计算当 $v_X=v_Y=3.6\text{V}$ 时电路的功耗。

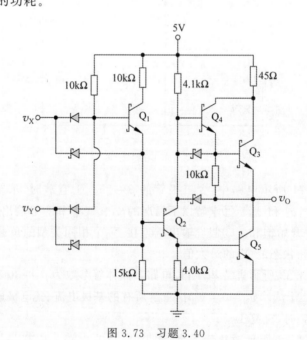

图 3.73 习题 3.40

3.41 在图 3.35 所示电路中,所有晶体管的电流增益为 $\beta=50$。①计算输入为逻辑 0 时电路的功耗。②当输入为逻辑 1 时,重复①。③计算输出短路电流。(假设输入为逻辑 0,输出直接接地。)

3.42 在图 3.74 所示电路中,忽略基极电流,并假设 $V_{BE}(on)=0.7V$,$V_\gamma=0.3V$。①求解当 $v_X=v_Y=3V$ 时的 i_E。②求解当 $v_X=v_Y=2.4V$ 时的 i_E 和 R_C,使得 $v_O=2.4V$。③利用①的结果,求解以下情况电路的功耗:$v_X=v_Y=3V$;$v_X=v_Y=2.4V$。

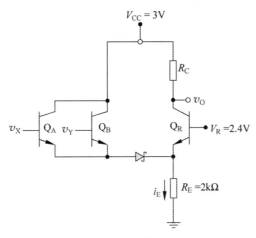

图 3.74 习题 3.42

5. BiCMOS 数字电路

3.43 观察图 3.36(a)所示基本 BiCMOS 反相器。假设电路和晶体管参数为 $V_{DD}=5V$,$K_n=K_p=0.1mA/V^2$,$V_{TN}=+0.8V$,$V_{TP}=-0.8V$,$\beta=50$。①当 $v_I=2.5V$ 时,求解每个晶体管的电流。②如果计算得到的 Q_1 电流给 15pF 电容充电,则将电容从 0 充电到 5V 需要多长时间?③如果用晶体管 M_P 的电流对此电容充电,重复②。

3.44 对于图 3.36(b)所示基本 BiCMOS 反相器,重复习题 3.43。

6. 计算机仿真习题

3.45 利用计算机仿真,生成图 3.10 所示改进型 ECL 逻辑门电路的电压传输特性。

3.46 利用计算机仿真,生成图 3.20 所示基本 DTL 逻辑电路的电压传输特性。

3.47 利用计算机仿真,生成图 3.35 所示改进型低功耗肖特基反相器的电压传输特性。

3.48 利用计算机仿真,生成图 3.36(b)所示 BiCMOS 反相器的电压传输特性。

7. 设计习题

3.49 设计与图 3.16 所示电路类似的 ECL 串联门逻辑电路,实现如下逻辑函数:①$Y=[A \cdot (B+C)+D]$;②$Y=[(A \cdot B)+(C \cdot D)]$。

3.50 用改进型 ECL 电路,设计一个带时钟的 D 触发器,使得 D 触发器的输出信号在时钟信号的下降沿有效。

3.51 设计一个低功耗肖特基 TTL 异或逻辑电路。

3.52 设计一个 TTL RS 触发器。

附录A

物理常数与转换因子

一般常数和转换因子

名称	符号	值
埃	Å	$1\text{Å}=10^{-4}\mu m=10^{-8}cm=10^{-10}m$
玻尔兹曼常数	k	$k=1.38\times10^{-23}J/K=8.6\times10^{-5}eV/K$
电子伏特	eV	$1eV=1.6\times10^{-19}J$
电子电荷	e 或 q	$q=1.6\times10^{-19}C$
微米	μm	$1\mu m=10^{-4}cm=10^{-6}m$
毫米		$1mil=0.001in=25.4\mu m$
纳米	nm	$1nm=10^{-9}m=10^{-3}\mu m=100\text{Å}$
真空介电常数	ε_o	$\varepsilon_o=8.85\times10^{-14}F/cm$
真空磁导率	μ_o	$\mu_o=4\pi\times10^{-9}H/cm$
普朗克常数	h	$h=6.625\times10^{-34}J\text{-}s$
温度电压当量	V_T	$V_T=kT/q\approx0.026V(300K)$
真空光速	c	$c=2.998\times10^{10}cm/s$

半导体常数

	Si	Ge	GaAs	SiO_2
相对介电常数	11.7	16.0	13.1	3.9
带隙能量,E_g(eV)	1.1	0.66	1.4	
本征载流子浓度,n_i(300K 时,cm^{-3})	1.5×10^{10}	2.4×10^{13}	1.8×10^6	

附录B

制造商数据手册节选

这个附录包含典型的晶体管和运放的数据手册。这个附录并非要替代相应的数据手册。因此,有时只提供一些节选信息。这些数据手册由国家半导体公司提供。

内容

1. 2N2222 NPN 双极型三极管
2. 2N2907 PNP 双极型三极管
3. NDS410 N 沟道增强型 MOSFET
4. LM741 运算放大器

| 2N2222 | PN2222 | MMBT2222 | MPQ2222 |
| 2N2222A | PN2222A | MMBT2222A | |

TO-18

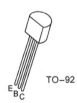
TO-92

TO-236 (SOT-23)

TO-116

NPN 型通用运放

电气特性(除非特殊说明,$T_C = 25℃$)

符号	参数		最小值	最大值	单位
关断特性					
$V_{(BR)CEO}$	集电极-发射极间击穿电压(注1) ($I_C = 10mA, I_B = 0$)	2222	30		V
		2222A	40		

续表

符号	参 数		最小值	最大值	单位
$V_{(BR)CBO}$	集电极-基极间击穿电压 $(I_C=10\mu A, I_E=0)$	2222 2222A	60 75		V
$V_{(BR)EBO}$	发射极-基极间击穿电压 $(I_E=10\mu A, I_C=0)$	2222 2222A	5.0 6.0		V
I_{CEX}	集电极截止电流 $(V_{CE}=60V, V_{EB}(OFF)=3.0V)$	2222A		10	nA
I_{CBO}	集电极截止电流 $(V_{CB}=50V, I_E=0)$ $(V_{CB}=60V, I_E=0)$ $(V_{CB}=50V, I_E=0, T_A=150℃)$ $(V_{CB}=60V, I_E=0, T_A=150℃)$	2222 2222A 222 2222A		0.01 0.01 10 10	μA
I_{EBO}	发射极截止电流 $(V_{EB}=3.0V, I_C=0)$	2222A		10	nA
I_{BL}	基极截止电流 $(V_{CE}=60V, V_{EB}(OFF)=3.0)$	2222A		20	nA

导通特性

	直流电流增益				
h_{FE}	$(I_C=0.1mA, V_{CE}=10V)$ $(I_C=1.0mA, V_{CE}=10V)$ $(I_C=10mA, V_{CE}=10V)$ $(I_C=10mA, V_{CE}=10V, T_A=-55℃)$ $(I_C=150mA, V_{CE}=10V)$(注1) $(I_C=150mA, V_{CE}=1.0V)$(注1) $(I_C=500mA, V_{CE}=10V)$(注1)	 2222 2222A	35 50 75 35 100 50 30 40	300	
$V_{CE(sat)}$	集电极-发射极间饱和电压(注1) $(I_C=150mA, I_B=15mA)$ $(I_C=500mA, I_B=50mA)$	2222 2222A 2222 2222A		0.4 0.3 1.6 1.0	V
$V_{BE(sat)}$	基极-发射极间饱和电压(注2) $(I_C=150mA, I_B=15mA)$ $(I_C=500mA, I_B=50mA)$	2222 2222A 2222 2222A	0.6 0.8	1.3 1.2 2.6 2.0	V

小信号特性

f_T	电流增益-带宽积(注3) $(I_C=20mA, V_{CE}=20V, f=100MHz)$	2222 2222A	250 300		MHz
C_{obo}	输出电容(注3) $(V_{CB}=10V, I_E=0, f=100kHz)$			8.0	pF

续表

符号	参 数		最小值	最大值	单位
C_{ibo}	输入电容(注 3) $(V_{EB}=0.5V, I_C=0, f=100\text{kHz})$	2222 2222A		30 25	pF
$r'_b C_c$	集电极-基极时间常数 $(I_E=20\text{mA}, V_{CB}=20V, f=31.8\text{MHz})$	2222A		150	ps
NF	噪声系数 $(I_C=100\mu A, V_{CE}=10V, R_S=1.0\text{k}\Omega, f=1.0\text{kHz})$	2222A		4.0	dB
$R_e(h_{ie})$	共射高频输入阻抗的实部 $(I_C=20\text{mA}, V_{CE}=20V, f=300\text{MHz})$			60	Ω
开关特性					
t_D	延迟时间	$(V_{CC}=30V, V_{BE}(\text{OFF})=0.5V,$	except		10	ns
t_R	上升时间	$I_C=150\text{mA}, I_{B1}=15\text{mA})$	MPQ2222		25	ns
t_S	存储时间	$(V_{CC}=30V, I_C=150\text{mA},$	except		225	ns
t_F	下降时间	$I_{B1}=I_{B2}=15\text{mA})$	MPQ2222		60	ns

注 1：脉冲测试，脉冲宽度≤300μs，占空比≤2.0%。
注 2：特性曲线见 Process 19。
注 3：f_T 定义为 h_{fe} 的值为 1 时的频率。

2N2907 2N2907A	PN2907 PN2907A	MMBT2907 MMBT2907A	MPQ2907

 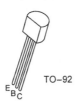

PNP 型通用运放
电气特性(除非特殊说明，$T_C=25\text{℃}$)

符号	参 数		最小值	最大值	单位
关断特性					
$V_{(BR)CEO}$	集电极-发射极间击穿电压(注 1) $(I_C=10\text{mAdc}, I_B=0)$	2907 2907A	40 60		V_{dc}
$V_{(BR)CBO}$	集电极-基极间击穿电压 $(I_C=10\mu\text{Adc}, I_E=0)$		60		V_{dc}
$V_{(BR)EBO}$	发射极-基极间击穿电压 $(I_E=10\mu\text{Adc}, I_C=0)$		5.0		V_{dc}

续表

符号	参　　数		最小值	最大值	单位
I_{CEX}	集电极截止电流 $(V_{CE}=30\text{Vdc}, V_{BE}=0.5\text{Vdc})$			50	nA_{dc}
I_{CBO}	集电极截止电流 $(V_{CB}=50\text{Vdc}, I_E=0)$	2907		0.020	μA_{dc}
		2907A		0.010	
	$(V_{CB}=50\text{Vdc}, I_E=0, T_A=150℃)$	2907		20	
		2907A		10	
I_B	基极截止电流 $(V_{CE}=30\text{Vdc}, V_{EB}=0.5\text{Vdc})$			50	nA_{dc}

导通特性

符号	参　　数		最小值	最大值	单位
h_{FE}	直流电流增益 $(I_C=0.1\text{mAdc}, V_{CE}=10\text{Vdc})$	2907	35		
		2907A	75		
	$(I_C=1.0\text{mAdc}, V_{CE}=10\text{Vdc})$	2907	50		
		2907A	100	300	
	$(I_C=10\text{mAdc}, V_{CE}=10\text{Vdc})$	2907	75		
		2907A	100		
	$(I_C=150\text{mAdc}, V_{CE}=10\text{Vdc})$ (注1)	2907	100		
		2907A	30		
	$(I_C=500\text{mAdc}, V_{CE}=10\text{Vdc})$ (注1)	2907A	50		
$V_{CE(sat)}$	集电极-发射极间饱和电压(注1) $(I_C=150\text{mAdc}, I_B=15\text{mAdc})$ $(I_C=500\text{mAdc}, I_B=50\text{mAdc})$			0.4 1.6	V_{dc}
$V_{BE(sat)}$	基极-发射极间饱和电压 $(I_C=150\text{mAdc}, I_B=15\text{mAdc})$ 注1 $(I_C=150\text{mAdc}, I_B=50\text{mAdc})$			1.3 2.6	V_{dc}

小信号特性

符号	参　　数	最小值	最大值	单位
f_T	电流增益-带宽积 $(I_C=50\text{mAdc}, V_{CE}=20\text{Vdc}, f=100\text{MHz})$	200		MHz
C_{obo}	输出电容 $(V_{CB}=10\text{Vdc}, I_E=0, f=100\text{kHz})$		8.0	pF
C_{ibo}	输入电容 $(V_{EB}=2.0\text{Vdc}, I_C=0, f=100\text{kHz})$		30	pF

开关特性

符号	参　　数		最小值	最大值	单位
t_{on}	开通时间	$(V_{CC}=30\text{Vdc}, I_C=150\text{mAdc},$ Except		45	ns
t_d	延迟时间	$I_{B1}=15\text{mAdc})$ MPQ2907		10	ns
t_r	上升时间			40	ns
t_{off}	关断时间	$(V_{CC}=6.0\text{Vdc}, I_C=150\text{mAdc},$ Except		100	ns
t_S	存储时间	$I_{B1}=I_{B2}=15\text{mAdc})$ MPQ2907		80	ns
t_f	下降时间			30	ns

注1：脉冲测试，脉冲宽度≤300μs，占空比≤2.0%。

NDS9410
分立式 N 沟道增强型场效应晶体管

概述

这些 N 沟道增强型功率场效应晶体管,利用国家半导体公司的知识产权以及高密度 DMOS 技术生产制造。这种非常高密度的工艺通过特殊的调整,可使导通电阻最小化,提供出色的开关特性,并具有优越的抗雪崩击穿能力。这些器件特别适合于低电压应用,例如笔记本电脑的电源管理以及其他需要快速开关、低功率损耗和耐瞬变的电池供电电路

特性

- 7.0A,30V。$R_{DS(ON)}=0.03\Omega$
- 内置源-漏二极管,可免于使用外部瞬态抑制稳压二极管
- 高密度设计($3.8\times10^6/in^2$),超低的 $R_{DS(ON)}$
- 大功率和大电流处理能力,广泛使用表贴式封装
- 针对高温条件专门设计的关键直流电气参数

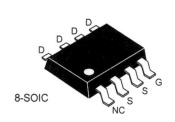
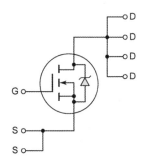

绝对最大额定值 除非特殊说明,$T_C=25℃$

符号	参 数	NDS410	单位
V_{DSS}	漏-源间电压	30	V
V_{DGR}	漏-源间电压($R_{GS}\leqslant 1M\Omega$)	30	V
V_{GSS}	栅-源间电压	±20	V
I_D	漏极电流-连续,$T_C=25℃$	±7.0	A
	-连续,$T_C=70℃$	±5.8	A
	-脉冲	±20	A
P_D	最大功耗,$T_C=25℃$	2.5(注1)	W
$T_j T_{STG}$	工作和储存温度范围	−55~150	℃

温度特性

$R_{\theta JA}(t)$	热电阻,结到环境(脉冲=10s)	50(注1)	℃/W
$R_{\theta JA}$	热电阻,结到环境(稳态)	100(注2)	℃/W

电气特性(除非特殊说明,$T_C=25℃$)

符号	参 数	测试条件	最小值	典型值	最大值	单位
关断特性						
BV_{DSS}	漏-源间击穿电压	$V_{GS}=0V, I_D=250\mu A$	30			V

续表

符号	参 数	测 试 条 件	最小值	典型值	最大值	单位
I_{DSS}	栅极电压为零时的漏极电流	$V_{DS}=24V$, $V_{GS}=0V$			2	μA
		$T_C=125℃$			25	μA
I_{GSSF}	正向栅极-衬底间漏电流	$V_{GS}=20V$, $V_{DS}=0V$			100	nA
I_{GSSR}	反向栅极-衬底间漏电流	$V_{GS}=-20V$, $V_{DS}=0V$			−100	nA
导通特性(注3)						
$V_{GS(th)}$	栅极开启电压	$V_{DS}=V_{GS}$, $I_D=250\mu A$	1	1.4	3	V
		$T_C=125℃$	0.7	1	2.2	V
$R_{DS(ON)}$	静态漏-源间导通电阻	$V_{GS}=10V$, $I_D=7.0A$		0.022	0.03	Ω
		$T_C=125℃$		0.033	0.045	Ω
		$V_{GS}=4.5V$, $I_D=3.5A$		0.031	0.05	Ω
		$T_C=125℃$		0.045	0.075	Ω
$I_{D(ON)}$	导通漏极电流	$V_{GS}=10V$, $V_{DS}=5V$	20			A
		$V_{GS}=2.7V$, $V_{DS}=2.7V$	7.7			A
g_{FS}	正向跨导	$V_{DS}=15V$, $I_D=7.0V$		15		S
动态特性						
C_{ISS}	输入电容	$V_{DS}=15V$, $V_{GS}=0V$, $f=1.0MHz$		1250		pF
C_{OSS}	输出电容			610		pF
C_{RSS}	反向转移电容			260		pF
开关特性(注3)						
$t_{D(ON)}$	导通延迟时间	$V_{DD}=25V$, $I_D=1A$, $V_{GEN}=10V$, $R_{GEN}=6\Omega$		10	30	ns
t_r	导通上升时间			15	60	ns
$t_{D(OFF)}$	关断延迟时间			70	150	ns
t_r	关断下降时间			50	140	ns
Q_g	总栅极电荷	$V_{DS}=15V$, $I_D=2.0A$, $V_{GS}=10V$		41	50	nC
Q_{gs}	栅-源间电荷			2.8		nC
Q_{gd}	栅-漏间电荷			12		nC
漏-源间二极管特性和最大额定值						
I_S	最大连续漏-源间二极管正向电流				2.2	A
V_{SD}	漏-源间二极管正向电压	$V_{GS}=0V$, $I_S=2.0A$ (注3)		0.76	1.1	V
t_{rr}	反向恢复时间	$V_{GS}=0V$, $I_S=2A$, $dI_S/dt=100A/\mu s$		100		ns

注1:最大功耗和热电阻的前提是假设10s的脉冲与稳态等效,并使用一个单面最大覆铜印制电路板。
注2:结到环境的热电阻基于静态空气中的稳态条件,使用最小热耗散的印制电路板。
注3:脉冲测试,脉冲宽度≤300μs,占空比≤2.0%。

典型电气特性

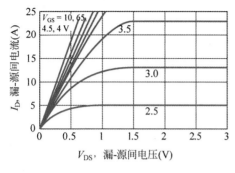

图 1 导通区特性

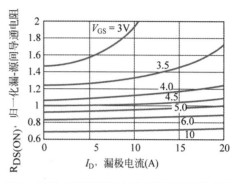

图 2 导通电阻随漏极电流和栅极电压的变化

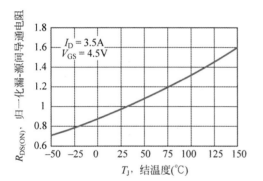

图 3 导通电阻随温度的变化

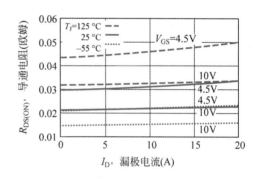

图 4 导通电阻随漏极电流和温度的变化

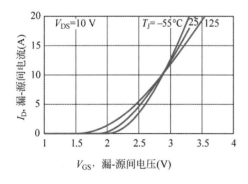

图 5 传输特性

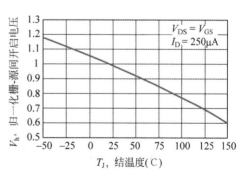

图 6 阈值电压随温度的变化

National Semiconductor

LM741 运放

概述

LM741 系列为通用运放,它的性能优于工业标准,例如运放 LM709。在很多应用中,它们可以直接代替 709C、LM201、MC1439 和 748。运放提供了很多特性,使得应用非常方便,这些特性包括:输入和输出端的过载保护、超过共模范围时的无自锁和无振荡。LM741C/LM741E 与 LM741/LM41A 基本上等价,除了 LM741C/LM741E 可以在 0~70℃ 温度范围内保证良好性能,而不是 −55~125℃。

原理图

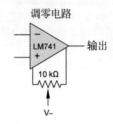

绝对最大额定值

	LM741A	LM741E	LM741	LM741C
电源电压	±22V	±22V	±22V	±18V
功耗	500mW	500mW	500mW	500mW
差分输入电压	±30V	±30V	±30V	±30V
输入电压(注2)	±15V	±15V	±15V	±15V
输出短路持续时间	连续	连续	连续	连续
工作温度范围	−55~125℃	0~70℃	−55~125℃	0~70℃
储存温度范围	−65~150℃	−65~150℃	−65~150℃	−65~150℃
结温	150℃	100℃	150℃	100℃

电气特性

参数	测试条件	LM741A/LM741E			LM741			LM741C			单位
		最小值	典型值	最大值	最小值	典型值	最大值	最小值	典型值	最大值	
输入失调电压	$T_A = 25℃$ $R_S \leq 10k\Omega$ $R_S \leq 50\Omega$		0.8	3.0		1.0	5.0		2.0	6.0	mV mV
	$T_{AMIN} \leq T_A \leq T_{AMAX}$ $R_S \leq 50\Omega$ $R_S \leq 10k\Omega$			4.0			6.0			7.5	mV mV
平均输入失调电压漂移				15							$\mu V/℃$
输入失调电压调节范围	$T_A = 25℃, V_S = ±20V$		±10			±15			±15		mV

续表

参数	测试条件	LM741A/LM741E			LM741			LM741C			单位
		最小值	典型值	最大值	最小值	典型值	最大值	最小值	典型值	最大值	
输入失调电流	$T_A=25℃$		3.0	30		20	200		20	200	nA
	$T_{AMIN} \leqslant T_A \leqslant T_{AMAX}$			70		85	500			300	nA
平均输入失调电流漂移				0.5							nA/℃
输入偏置电流	$T_A=25℃$		30	80		80	500		80	500	nA
	$T_{AMIN} \leqslant T_A \leqslant T_{AMAX}$			0.210			1.5			0.8	μA
输入电阻	$T_A=25℃, V_S=\pm 20V$	1.0	6.0		0.3	2.0		0.3	2.0		MΩ
	$T_{AMIN} \leqslant T_A \leqslant T_{AMAX}$, $V_S=\pm 20V$	0.5									MΩ
输入电压范围	$T_A=25℃$							± 12	± 13		V
	$T_{AMIN} \leqslant T_A \leqslant T_{AMAX}$				± 12	± 13					V
大信号电压增益	$T_A=25℃, R_L \geqslant 2k\Omega$ $V_S=\pm 20V, V_O=\pm 15V$ $V_S=\pm 15V, V_O=\pm 10V$	50			50	200		20	200		V/mV V/mV
	$T_{AMIN} \leqslant T_A \leqslant T_{AMAX}$, $R_L \geqslant 2k\Omega$ $V_S=\pm 20V, V_O=\pm 15V$ $V_S=\pm 15V, V_O=\pm 10V$ $V_S=\pm 5V, V_O=\pm 2V$	32 10			25			15			V/mV V/mV V/mV
输出电压摆幅	$V_S=\pm 20V$ $R_L \geqslant 10k\Omega$ $R_L \geqslant 2k\Omega$	± 16 ± 15									V V
	$V_S=\pm 15V$ $R_L \geqslant 10k\Omega$ $R_L \geqslant 2k\Omega$				± 12 ± 10	± 14 ± 13		± 12 ± 10	± 14 ± 13		V V
输出短路电流	$T_A=25℃$	10	25	35		25			25		mA
	$T_{AMIN} \leqslant T_A \leqslant T_{AMAX}$	10		40							mA
共模抑制比	$T_{AMIN} \leqslant T_A \leqslant T_{AMAX}$ $R_S \leqslant 10k\Omega, V_{CM}=\pm 12V$ $R_S \leqslant 50k\Omega, V_{CM}=\pm 12V$	80	95		70	90		70	90		dB dB

续表

参数	测试条件	LM741A/LM741E			LM741			LM741C			单位
		最小值	典型值	最大值	最小值	典型值	最大值	最小值	典型值	最大值	
电源电压抑制比	$T_{AMIN} \leqslant T_A \leqslant T_{AMAX}$ $V_S = \pm 20V$ to $V_S = \pm 5V$ $R_S \leqslant 50\Omega$ $R_S \leqslant 10\Omega$	86	96		77	96		77	96		
瞬态响应上升时间过冲	$T_A = 25℃$,单位增益		0.25 6.0	0.8 20		0.3 5			0.3 5		μs %
带宽	$T_A = 25℃$	0.437	1.5								MHz
压摆率	$T_A = 25℃$	0.3	0.7			0.5			0.5		V/μs
电源电流	$T_A = 25℃$					1.7	2.8		1.7	2.8	mA
功耗	$T_A = 25℃$ $V_S = \pm 20V$ $V_S = \pm 15V$		80	150		50	85		50	85	mW mW
LM741A	$T_S = \pm 120℃$ $T_A = T_{AMIN}$ $T_A = T_{AMAX}$			165 135							mW mW
LM741E	$V_S = \pm 20V$ $T_A = T_{AMIN}$ $T_A = T_{AMAX}$			150 130							mW mW
LM741	$V_S = \pm 15V$ $T_A = T_{AMIN}$ $T_A = T_{AMAX}$				60 45	100 75					mW mW

附录C

标准电阻和电容值

本附录列出标准元件值,用于分立电子电路和系统设计中电阻和电容值的选取。容差为2%~20%的低功耗碳膜电阻具有一组标准电阻值和标准的色环标记方案。这些数值可能因制造商而异,表中列出的为典型值。

C.1 碳膜电阻

表C.1中列出标准电阻值。浅体字表示容差为2%和5%的值,粗体字表示容差为10%的电阻值。

表 C.1 标准电阻值($\times 10^n$)

10	16	**27**	43	**68**
11	**18**	30	**47**	75
12	20	**33**	51	**82**
13	**22**	36	**56**	91
15	24	**39**	62	**100**

离散的碳膜电阻有一个标准的色环标记方案,使得电路或器件盒中的电阻值易于识别,而不需要查找打印标记。色环从电阻的一端开始,如图C.1所示。根据两个数位和一位乘

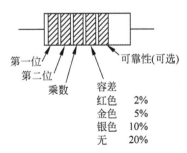

图 C.1 低功耗碳膜电阻的色环标记

数确定电阻值。其他色环表示容差和可靠性。数位和乘数的颜色编码如表 C.2 所示。

例如，4.7kΩ 电阻的前三个色环为黄、紫和红色。前两个数位为 47，乘数为 100。150kΩ 电阻的前三个色环为棕、绿和黄色。

表 C.2 数位和乘数的颜色编码

数位	颜色	乘数	0 的个数
	银色	0.01	−2
	金色	0.1	−1
0	黑色	1	0
1	棕色	10	1
2	红色	100	2
3	橘色	1k	3
4	黄色	10k	4
5	绿色	100k	5
6	蓝色	1M	6
7	紫色	10M	7
8	灰色		
9	白色		

容差为 10% 的碳膜电阻，额定功率有 $\frac{1}{4}, \frac{1}{2}, 1$ 和 2W。

C.2 精密电阻（容差为 1%）

金属膜精密电阻的容差水平可达到 0.5%～1% 的范围。这些电阻上使用四个数位而不是两个数位的色环方案。前三个数位表示一个值，最后一个数位是表示 0 的个数的乘数。例如，2503 表示一个 250kΩ 的电阻，2000 表示 200Ω 的电阻。如果电阻的值太小，不能用这种方法表示，则用 R 表示小数点，例如，37R5 表示 37.5Ω 的电阻，10R0 表示 10.0Ω 的电阻。标准电阻值通常为 10Ω～301kΩ。表 C.3 给出每 10 个一组内的标准电阻值。

表 C.3 标准精密电阻值

100	140	196	274	383	536	750
102	143	200	280	392	549	768
105	147	205	287	402	562	787
107	150	210	294	412	576	806
110	154	215	301	422	590	825
113	158	221	309	432	604	845
115	162	226	316	442	619	866
118	165	232	324	453	634	887
121	169	237	332	464	649	909
124	174	243	340	475	665	931

						续表
127	178	249	348	487	681	953
130	182	255	357	499	698	976
133	187	261	365	511	715	
137	191	267	374	523	732	

1%的电阻通常用于对稳定性和准确性要求特别高的应用。可以将一个小的微调电阻与1%的电阻串联,给出精确的电阻值。1%的电阻只在给定的一组条件下保证阻值在额定值的1%误差范围内。由于温湿度变化或者工作在满额功率下而引起的阻值变化可能超过1%的容差。

C.3 电容

来自于某制造商的容差为10%的典型电容值如表C.4所示。陶瓷电容的容值范围为$10pF \sim 1\mu F$。

表 C.4 陶瓷电容($\times 10^n$)

3.3	30	200	600	2700
5	39	220	680	3000
6	47	240	750	3300
6.8	50	250	800	3900
7.5	51	270	820	4000
8	56	300	910	4300
10	68	330	1000	4700
12	75	350	1200	5000
15	82	360	1300	5600
18	91	390	1500	6800
20	100	400	1600	7500
22	120	470	1800	8200
24	130	500	2000	
25	150	510	2200	
27	180	560	2500	

钽电容(最大可达$330\mu F$)

0.0047	0.010	0.022
0.0056	0.012	0.027
0.0068	0.015	0.033
0.0082	0.018	0.039

附录D

参考文献

一般电子学书籍

1. Burns S G, Bond P R. Principles of Electronic Circuits. 2nd ed. Boston: PWS Publishing Co. ,1997.
2. Hambley A R. Electronics, 2nd ed. Upper Saddle River, NJ: Prentice-Hall, Inc. ,2003.
3. Hayt W H Jr, Neudeck G W. Electronic Circuit Analysis and Design. 2nd ed. Boston: Houghton Mifflin Co. ,1984.
4. Horenstein M N. Microelectronic Circuits and Devices. 2nd ed. Englewood Cliffs, NJ: Prentice Hall, Inc. ,1995.
5. Horowitz P, Hill W. The Art of Electronics. 2nd ed. New York: Cambridge University Press,1989.
6. Howe R T, Sodini C G. Microelectronics: An Integrated Approach. Upper Saddle River, NJ: Prentice-Hall, Inc. ,1997.
7. Jaeger R C, Blalock T N. Microelectronic Circuit Design. 3rd ed. New York: McGraw-Hill,2008.
8. Malik N R. Electronic Circuits: Analysis, Simulation, and Design. Englewood Cliffs, NJ: Prentice Hall, Inc. ,1995.
9. Mauro R. Engineering Electronics. Englewood Cliffs, NJ: Prentice Hall, Inc. ,1989.
10. Millman J A, Graybel. Microelectronics. 2nd ed. New York: McGraw-Hill Book Co. ,1987.
11. Mitchell F H. Introduction to Electronics Design. 2nd ed. Englewood Cliffs, NJ: Prentice-Hall, Inc. ,1992.
12. Rashid M H. Microelectronic Circuits: Analysis and Design. Boston: PWS Publishing Co. ,1999.
13. Razaavi B. Fundamentals of Microelectronics. New York: John Wiley and Sons, Inc. ,2008.
14. Roden M S, Carpenter G L. Electronic Design: From Concept to Reality. 3rd ed. Burbank, CA: Discovery Press,1997.
15. Schubert T Jr. Active and Non-Linear Electronics. New York: John Wiley and Sons, Inc. ,1996.
16. Spencer R R, Ghausi M S. Introduction to Electronic Circuit Design. Upper Saddle River, NJ: Prentice-Hall, Inc. ,2003.
17. Sedra A S, Smith K C. Microelectronic Circuits. 5th ed. New York: Oxford University Press,2004.

线性电路理论

18. Alexander C K, Sadiku M N O. Fundamentals of Electric Circuits. 3rd ed. New York: McGraw-Hill,2007.
19. Bode H W. Network Analysis and Feedback Amplifier Design. Princeton, NJ: D. Van Nostrand Co. ,1945.

20. Hayt W H, Kemmerly Jr. Engineering Circuit Analysis. 7th ed. New York: McGraw-Hill, 2007.
21. nea80644_appD_1333-1336. qxd 8/6/09 10:09 AM Page 1333 pmath DATA-DISK: Desktop Folder: UDAYVEER/Neamen:
22. Irwin J D, Nelms R M. Basic Engineering Circuit Analysis. 9th ed. New York: John Wiley and Sons, Inc., 2008.
23. Johnson, D. E., J. L. Hillburn. Basic Electric Circuit Analysis. 5th ed. Englewood Cliffs, NJ: Prentice Hall, Inc., 1995.
24. Nilsson, J. W., S. A. Riedel. Electric Circuits. 8th ed. Upper Saddle River, NJ: Prentice-Hall, Inc., 2007.
25. Thomas, R. E., A. J. Rosa. The Analysis and Design of Linear Circuits. 6th ed. New York: John Wiley and Sons, Inc., 2008.

半导体器件

26. Neamen, D. A. An Introduction to Semiconductor Devices. Boston: McGraw-Hill, 2006.
27. Neamen, D. A. Semiconductor Physics and Devices: Basic Principles. 3rd ed. Boston: McGraw-Hill, 2003.
28. Streetman, B. G., S. Banerjee. Solid State Electronic Devices. 6th ed. Upper Saddle River, NJ: Prentice Hall, 2006.
29. Sze, S. M., K. K. Ng. Physics of Semiconductor Devices. 3rd ed. New York: John Wiley and Sons, Inc., 2007.
30. Taur, Y., T. H. Ning. Fundamentals of Modern VLSI Devices. Cambridge, United Kingdom: Cambridge University Press, 1998.

模拟集成电路

31. Allen, P. E., D. R. Holberg. CMOS Analog Circuit Design. 2nd ed. New York: Oxford University Press, 2002.
32. Geiger, R. L., P. E. Allen. VLSI Design Techniques for Analog and Digital Circuits. New York: McGraw-Hill Publishing Co., 1990.
33. Gray, P. R., P. J. Hurst. Analysis and Design of Analog Integrated Circuits. 5th ed. New York: John Wiley and Sons, Inc., 2009.
34. Johns, D. A., K. Martin. Analog Integrated Circuit Design. New York: John Wiley and Sons, Inc., 1997.
35. Laker, K. R., W. M. C. Sansen. Design of Analog Integrated Circuits and Systems. New York: McGraw-Hill, Inc., 1994.
36. Northrop, R. B. Analog Electronic Circuits. Reading, MA: Addison-WesleyPublishing Co., 1990.
37. Razavi, B. Design of Analog CMOS Integrated Circuits. Boston: McGraw-Hill, 2001.
38. Soclof, S. Design and Applications of Analog Integrated Circuits. Englewood Cliffs, NJ: Prentice Hall, Inc., 1991.
39. Solomon, J. E. "The Monolithic Op-Amp: A Tutorial Study," IEEE Journal of Solid-State Circuits SC-9, No. 6 (December 1974), pp. 314-32.
40. Widlar, R. J. "Design Techniques for Monolithic Operational Amplifiers," IEEE Journal of Solid-State Circuits SC-4 (August 1969), pp. 184-91.

运算放大电路

41. Barna, A.; and D. I. Porat. Operational Amplifiers. 2nd ed. New York: John Wiley and Sons, Inc., 1989.
42. Berlin, H. M. Op-Amp Circuits and Principles. Carmel, IN: SAMS, A division of Macmillan Computer Publishing, 1991.
43. Clayton, G., B. Newby. Operational Amplifiers. London: Butterworth-Heinemann, Ltd., 1992.
44. Coughlin, R. F., F. F. Driscoll. Operational Amplifiers and Linear Integrated Circuits. Englewood Cliffs,

NJ：Prentice Hall，Inc.，1977.

45. Fiore，J. M. Operational Amplifiers and Linear Integrated Circuits：Theory and Application. New York：West Publishing Co.，1992.
46. Franco，S. Design with Operational Amplifiers and Analog Integrated Circuits. 2nd ed. New York：McGraw-Hill，1998.
47. Graeme，J. G.，G. E. Tobey. Operational Amplifiers：Design and Applications. New York：McGraw-Hill Book Co.，1971.
48. Helms，H. Operational Amplifiers 1987 Source Book. Englewood Cliffs，NJ：Prentice Hall，Inc.，1987.

数字电路和器件

49. Ayers，J. E. Digital Integrated Circuits：Analysis and Design. New York：CRC Press，2004.
50. Baker，R. J.，H. W. Li. CMOS Circuit Design，Layout，and Simulation. New York：IEEE Press，1998.
51. CMOS/NMOS Integrated Circuits，RCA Solid State，1980.
52. DeMassa，T. A.，Z. Ciccone. Digital Integrated Circuits. New York：John Wiley and Sons，Inc.，1996.
53. Glasford，G. M. Digital Electronic Circuits. Englewood Cliffs，NJ：Prentice Hall，Inc.，1988.
54. Hauser，J. R.，"Noise Margin Criteria for Digital Logic Circuits."IEEE Transactions on Education 36，No. 4（November 1993），pp. 363-68.
55. Hodges，D. A.，H. G. Jackson. Analysis and Design of Digital Integrated Circuits. 3rd ed. New York：McGraw-Hill，2004.
56. Kang，S. M.，Y. Leblebici. CMOS Digital Integrated Circuits：Analysis and Design. 3rd ed. New York：McGraw-Hill，2003.
57. Lohstroh，J. "Static and Dynamic Noise Margins of Logic Circuits，"IEEE Journal of Solid-State Circuits SC-14，No. 3（June 1979），pp. 591-98.
58. Mead，C.，L. Conway. Introduction to VLSI Systems. Reading，MA：Addison-Wesley Publishing Co.，Inc.，1980.
59. Mukherjee，A. Introduction to nMOS and CMOS VLSI Systems Design. Englewood Cliffs，NJ：Prentice Hall，Inc.，1986.
60. Prince，B. Semiconductor Memories：A Handbook of Design，Manufacture and Applications. 2nd ed. New York：John Wiley and Sons，Inc.，1991.
61. Rabaey，J. M.，A. Chandrakasan. Digital Integrated Circuits：A Design Perspective. 2nd ed. Upper Saddle River，NJ：Prentice-Hall，2003.
62. Segura，J.，C. F. Hawkins. CMOS Electronics：How It Works，How It Fails. Piscataway，NJ：IEEE Press，2004.
63. Wang，N. Digital MOS Integrated Circuits. Englewood Cliffs，NJ：Prentice Hall，Inc.，1989.
64. Wilson，G. R. "Advances in Bipolar VLSI."Proceedings of the IEEE 78，No. 11（November 1990），pp. 1707-19.

SPICE 和 PSPICE 参考文献

65. Banzhap，W. Computer-Aided Circuit Analysis Using PSpice. 2nd ed. Englewood Cliffs，NJ：Prentice Hall，Inc.，1992.
66. Brown，W. L.，A. Y. J. Szeto. "Verifying Spice Results with Hand Calculations：Handling Common Discrepancies."IEEE Transactions on Education，37，No. 4（November 1994），pp. 358-68.
67. Goody，R. W. MicroSim PSpice for Windows：Volume I：DC，AC，and Devices and Circuits. 2nd ed. Upper Saddle River，NJ：Prentice-Hall，Inc.，1998.
68. Goody，R. W. MicroSim PSpice for Windows：Volume II：Operational Amplifiers and Digital Circuits. 2nd ed. Upper Saddle River，NJ：Prentice-Hall，1998.

69. Herniter, M. E. Schematic Capture with MicroSim PSpice. 3rd ed. Upper Saddle River, NJ: Prentice-Hall, 1998.
70. Meares, L. G., C. E. Hymowitz. Simulating with Spice. San Pedro, CA: Intusoft, 1988.
71. MicroSim Staff. PSpice User's Manual Version 4.03. Irvine, CA: MicroSim Corporation, 1990.
72. Natarajan, S. "An Effective Approach to Obtain Model Parameters for BJTs and FETs from Data Books." IEEE Transactions on Education 35, No. 2(May 1992), pp. 164-69.
73. Rashid, M. H. SPICE for Circuits and Electronics Using PSpice. Englewood Cliffs, NJ: Prentice Hall, Inc., 1990.
74. Roberts, G. W., A. S. Sedra. SPICE for Microelectronic Circuits. 3rd ed. New York: Saunders College Publishing, 1992.
75. Thorpe, T. W. Computerized Circuit Analysis with SPICE. New York: John Wiley and Sons, Inc., 1992.
76. Tront, J. G. PSpice for Basic Microelectronics with CD. New York: McGraw-Hill, 2008.
77. Tuinenga, P. W. SPICE: A Guide to Circuit Simulation and Analysis Using PSpice. 2nd ed. Englewood Cliffs, NJ: Prentice Hall, Inc., 1992.

图书资源支持

感谢您一直以来对清华大学出版社图书的支持和爱护。为了配合本书的使用，本书提供配套的资源，有需求的读者请扫描下方的"书圈"微信公众号二维码，在图书专区下载，也可以拨打电话或发送电子邮件咨询。

如果您在使用本书的过程中遇到了什么问题，或者有相关图书出版计划，也请您发邮件告诉我们，以便我们更好地为您服务。

我们的联系方式：

地　　址：北京市海淀区双清路学研大厦 A 座 701

邮　　编：100084

电　　话：010-83470236　　010-83470237

资源下载：http://www.tup.com.cn

客服邮箱：tupjsj@vip.163.com

QQ：2301891038（请写明您的单位和姓名）

用微信扫一扫右边的二维码，即可关注清华大学出版社公众号。

教学资源·教学样书·新书信息

人工智能科学与技术
人工智能|电子通信|自动控制

资料下载·样书申请

书圈